9
1968

Faserforschung und Textiltechnik

WISSENSCHAFTLICH-TECHNISCHE ZEITSCHRIFT FÜR DIE CHEMIEFASER- UND TEXTILINDUSTRIE

BEGRUNDET VON
ERICH CORRENS UND WALTER FRENZEL

HERAUSGEGEBEN VON ERICH CORRENS – WOLFGANG BOBETH – HANS BÖHRINGER – HERMANN KLARE – BURKART PHILIPP – CHRISTIAN RUSCHER

SCHRIFTLEITER J. BRÄMER UND I. RUSCHER

AKADEMIE-VERLAG BERLIN

Faserforsch. u. Textiltechnik • 19. Jahrg. • Heft 9 • Seiten 393–440 • Berlin im September 1968

DK 547.458.81:576.851.134:546.11.02.2:535.343—15:547.426.1

Correns, Erich, und *Dechant, Johannes*

Über die Herstellung von CD- und OD-deuterierter Bakteriencellulose für ultrarotspektroskopische Untersuchungen

Faserforsch. u. Textiltechnik **19** (1968) 9, S. 393—397. 1 Tab., 4 Abb., 17 Lit.

Durch Kulturen von Acetobacter xylinum in D_2O-haltiger Nährlösung mit deuteriertem Glycerin wurde an den C-Atomen deuterierte Bakteriencellulose erzeugt. Die UR-Spektren dieser Proben zeigen, daß die Deuterierung spezifisch an bestimmten C-Atomen erfolgt, wenn nur D_2O oder nur deuteriertes Glycerin eingesetzt werden.

DK 677.494.745.32.021.5:66.062.855.5:677.494.061.3:532.72:547.26

Gröbe, Volker, und *Heyer, Hans-Jürgen*

Untersuchungen zur Diffusion beim Naßspinnen von Polyacrylnitrilfasern

4. Mitt.: Ergebnisse bei Einsatz aliphatischer Alkohole als Fällmedien

Faserforsch. u. Textiltechnik **19** (1968) 9, S. 398—400. 3 Tab., 4 Abb., 7 Lit.

Lösungen von Polyacrylnitril in Dimethylformamid wurden aus Fällbädern, die Methanol, Äthanol und n-Butanol enthielten, zu Fäden gesponnen und die Koeffizienten der Diffusion des Fällmittels in den Faden und des Lösungsmittels ins Fällbad bestimmt. Die Ergebnisse werden auf der Grundlage früher dargelegter Vorstellungen dahingehend diskutiert, daß Stärke und Struktur der primär gebildeten Fadenaußenschicht die Diffusion regulieren.

DK 678.675'126:678.742.2:678.743.22:546.221.1:539.376:543.062

Mädicke, Annelore, Krahnstöver, Max-Jochen, und *Sauerwald, Franz*

Neue Versuche über die Behandlung von Hochpolymeren mit Schwefelwasserstoff, insbesondere hinsichtlich des Einflusses auf das Kriechverhalten

Faserforsch. u. Textiltechnik **19** (1968) 9, S. 401—406. 4 Tab., 5 Abb., 20 Lit.

Die Verbesserung des Zeitstandverhaltens von vier Polyvinylchlorid-Sorten sowie vier Hochdruckpolyäthylen-Sorten und einem Polyamid durch Begasung mit Schwefelwasserstoff wurde untersucht. Der Schwefelgehalt von unbehandeltem und begastem Polyvinylchlorid wurde quantitativ bestimmt. Es handelt sich um Oberflächeneffekte.

DK 677—169:677.494.745.32:677.464:677.4.021.5.001.57:66.062.855.5:677.4.061.7

Meißner, Wolfgang, Berger, Werner, und *Hoffmann, Helmut*

Zur Problematik der Herstellung von Chemiefaserstoffen aus Polymerlegierungen

2. Mitt.: Herstellung und Eigenschaften von Fasern aus einer Kombination von Polyacrylnitril und Celluloseacetat

Faserforsch. u. Textiltechnik **19** (1968) 9, S. 407—417. 8 Tab., 6 Abb., 38 Lit.

Aufbauend auf Untersuchungen über die Verträglichkeit von Polyacrylnitril und sekundärem Celluloseacetat in Dimethylformamid als gemeinsamem Lösungsmittel, wurden aus Lösungen beider Komponenten im Versuchsmaßstab Fasern hergestellt und deren Eigenschaften in Abhängigkeit vom Mischungsverhältnis ermittelt. Dabei konnte gezeigt werden, daß unter bestimmten Bedingungen auch aus Mischungen unverträglicher Polymerer Fasern mit guten textilphysikalischen Eigenschaften erhältlich sind.

DK 677.494.675'126—042.2:677.494.061.39:677.494—042.412:620.172

Bobeth, Wolfgang, und *Päßler, Helmar*

Zum Verhalten von Fäden bei Druckbeanspruchungen durch Walzen

Teil I: Formänderung monofiler Polyamid-6-Seide

Faserforsch. u. Textiltechnik **19** (1968) 9, S. 418—422. 12 Abb., 3 Lit.

Mit einem Walzgerät wurde monofile Polyamid-6-Seide zwischen gehärteten Stahlwalzen auf Druck beansprucht. Die eingetretenen Änderungen der Länge, der Querschnittsfläche und der Querschnittsform der Seide werden in Abhängigkeit von der Walzdruckkraft und der beim Walzen auf den Faden wirkenden Zugkraft beschrieben, und es wird auf die Möglichkeit der Fadenkräuselung durch Walzen hingewiesen.

DK 677.61:621.867.2:530.17:539.412:539.431.2

Rothe, Horst

Nutzung der Elektroanalogie zur Analyse der Beanspruchung gewebter Flächengebilde

Faserforsch. u. Textiltechnik **19** (1968) 9, S. 422—431. 3 Tab., 16 Abb., 18 Lit.

Es wird über den Aufbau eines elektroanalogen Netzwerkes zur Beanspruchungsanalyse gewebter Flächengebilde berichtet. Ferner werden entsprechende Meß- und Auswertungsmethoden diskutiert und dargelegt.

DK 677.494.675'126—042.2:541.183.25:658.78:697.958:620.193.2:677.494.021.6

Nitzschke, Peter

Die Bedeutung der Raumzirkulation bei der Lagerung von Polycaproamidseide

Faserforsch. u. Textiltechnik **19** (1968) 9, S. 431—433. 2 Abb., 7 Lit.

Es wird gezeigt, daß durch Erhöhung der Luftzirkulation beim Lagern von Polyamid-Feinseide eine Beschleunigung des Feuchteaustausches Raumluft/Spinnspule erfolgt und sich damit bei gleicher Lagerzeit eine höhere Fadenfeuchte in den Randzonen des Spulenwickels einstellt als in ruhender Luft. Auf die Folgen für die Weiterverarbeitung (Verstrecken) und einen möglichen Außenwitterungseinfluß wird hingewiesen.

Die Zeitschrift „Faserforschung und Textiltechnik" erscheint monatlich in Heften zu 48 Textseiten im Format A 4. Der Preis für das Einzelheft beträgt M 15,– (Sonderpreis für DDR M 9,–), für den Vierteljahrbezug M 45,– (Sonderpreis für DDR M 27,–), zuzügl. Bestellgeld. Die Berechnung erfolgt zu Beginn eines Vierteljahrs für 3 Hefte. Bestellungen aus dem Gebiet der Deutschen Demokratischen Republik an ein Postamt, eine Buchhandlung oder den Verlag, aus der Deutschen Bundesrepublik an eine Buchhandlung oder die Auslieferungsstelle Kunst und Wissen, Erich Bieber, 7 Stuttgart 1, Wilhelmstraße 4–6, aus dem Ausland an eine Importbuchhandlung, den Deutschen Buch-Export und -Import GmbH., 701 Leipzig, Postschließfach 276, oder den Akademie-Verlag GmbH., 108 Berlin, Leipziger Str. 3–4 (Fernruf: 220441; Telex-Nr. 0112020; Postscheckkonto 35021) erbeten. Bestellnummer dieses Heftes: 1014/19/9. Alleinige Anzeigenannahme DEWAG-WERBUNG, 102 Berlin, Rosenthaler Str. 28/31, und alle DEWAG-Betriebe in den Bezirksstädten der DDR. – Bestellungen in der UdSSR nehmen entgegen: Städtische Abteilungen von „SOJUZPECHATJ" bzw. Postämter und Postkontore.

Herausgeber und verantwortlich für den Inhalt: Prof. Dr. Erich Correns, Institut für Faserstoff-Forschung der Deutschen Akademie der Wissenschaften zu Berlin, 153 Teltow-Seehof, Fernruf: Teltow 4831; Prof. Dr.-Ing. habil. Wolfgang Bobeth, Institut für Technologie der Fasern der Deutschen Akademie der Wissenschaften zu Berlin, 801 Dresden, Hohe Str. 6, Fernruf: 44721; Prof. Dr.-Ing. Hans Böhringer, Institut für Textiltechnologie der Chemiefasern Rudolstadt, Fernruf: Rudolstadt 2031; Prof. Dr. Hermann Klare, Prof. Dr. habil. Burkart Philipp und Dr. Christian Ruscher, Institut für Faserstoff-Forschung der Deutschen Akademie der Wissenschaften zu Berlin, 153 Teltow-Seehof, Fernruf: Teltow 4831. Schriftleiter: Joachim Brämer und Dipl.-Chem. Ingeborg Ruscher, 153 Teltow-Seehof, Kantstr. 55. Verlag: Akademie-Verlag GmbH., 108 Berlin, Leipziger Str. 3–4. Satz und Druck: Druckhaus „Maxim Gorki", 74 Altenburg. – Veröffentlicht unter der Lizenznummer 1280 des Presseamtes beim Vorsitzenden des Ministerrates der Deutschen Demokratischen Republik.

Faserforschung und Textiltechnik

WISSENSCHAFTLICH-TECHNISCHE ZEITSCHRIFT FÜR DIE CHEMIEFASER- UND TEXTILINDUSTRIE

Band 19 September 1968 Heft 9

Über die Herstellung von CD- und OD-deuterierter Bakteriencellulose für ultrarotspektroskopische Untersuchungen

Erich Correns und Johannes Dechant

Deutsche Akademie der Wissenschaften zu Berlin, Institut für Faserstoff-Forschung in Teltow-Seehof

DK 547.458.81:576.851.134:546.11.02.2:535.343—15:547.426.1

Durch Kulturen von Acetobacter xylinum in D_2O-haltiger Nährlösung mit deuteriertem Glycerin wurde an den C-Atomen deuterierte Bakteriencellulose erzeugt. Die UR-Spektren dieser Proben zeigen, daß die Deuterierung spezifisch an bestimmten C-Atomen erfolgt, wenn nur D_2O oder nur deuteriertes Glycerin eingesetzt werden.

О получении бактериальной целлюлозы, содержащей CD- и OD-группы, для исследований методом ИК-спектроскопии

Путем культивирования Acetobacter xylinum в питательном растворе с D_2O и дейтерированным глицерином получена бактериальная целлюлоза, меченая дейтерием у С-атомов. ИК-спектры образцов показывают, что дейтерирование протекает селективно у определенных атомов углерода в зависимости от того, применялась ли только D_2O или только дейтерированный глицерин.

Preparation of CD- and OD-deuterated Bacteria Cellulose for IR spectroscopic Investigations

Bacteria cellulose deuterated at the C-atoms was prepared in cultures of Acetobacter xylinum in D_2O-containing nutrient solution with deuterated glycerol. IR-spectra obtained with these samples showed the deuteration to occur at selected C-atoms when either D_2O or deuterated glycerol was used.

1. *Einführung*

Über die Anwendung der Isotopenaustauschmethode zur Interpretation der Ultrarotspektren von Hochpolymeren hat *C. Y. Liang* in einer zusammenfassenden Arbeit ausführlich berichtet [1]. Es gibt grundsätzlich zwei Wege zur Herstellung von deuterierten Polymeren: die polymeranaloge Umsetzung, bei der die Deuterierung am Makromolekül erfolgt, und die Synthese aus deuterierten Monomeren. Der erste Weg ist nur für leicht austauschbare Wasserstoffatome, vorwiegend für —OH-, —NH- und —SH-Gruppen geeignet. Wenn die Umsetzung am festen Polymeren durchgeführt wird, erfolgt der Austausch nur in den für das Deuterierungsmedium zugänglichen Bereichen, wodurch Accessibilitätsmessungen ermöglicht werden [2, 3]. Der Austausch des an Kohlenstoffatome gebundenen Wasserstoffs, insbesondere, wenn er in bestimmten Gruppen erfolgen soll, bereitet wesentlich größere Schwierigkeiten, so daß man hier fast ausschließlich auf die Synthese aus deuterierten Monomeren angewiesen ist.

Bisher sind, soweit uns bekannt ist, noch keine UR-spektroskopischen Untersuchungen an Cellulose mit CD-Gruppen durchgeführt worden. Da die Deuterierung des Makromoleküls ohne dessen Abbau nicht möglich ist und auch die Synthese auf rein chemischem Weg bisher nicht gelungen ist, bleibt nur die Möglichkeit der Deuterierung im Verlauf der pflanzlichen oder animalischen Synthese durch Kultur in D_2O unter Verwendung deuterierter Kohlenstoffquellen. Während höhere Pflanzen in stärker als 30% angereichertem schwerem Wasser nicht lebensfähig sind, können Algen auch in reinem D_2O wachsen [4, 5]. Es ist zu erwarten, daß sie dabei CD-deuterierte Cellulose produzieren. Da der eine von uns sich schon seit längerer Zeit mit der Herstellung von Bakteriencellulose durch Bakterium Acetobacter xylinum in verschiedenen Nährmedien beschäftigt, haben wir zunächst versucht, in D_2O-haltigen Nährmedien Bakteriencellulose zu gewinnen und — nachdem uns dies gelungen ist — auch eine CD-deuterierte Kohlenstoffquelle als Bausubstanz der Cellulose mit Erfolg einzusetzen. Gegenüber der Verwendung von Algen, die ja nur wenig Cellulose neben mehreren anderen Stoffen, die schwer von der Cellulose zu trennen sind, enthalten, haben wir bei der Bakteriencellulose die Vorteile, daß einmal sehr reine Cellulose in größeren Mengen leicht und in kurzer Zeit zu gegewinnen ist und diese andererseits in einer für die spektroskopischen Untersuchungen sehr gut geeigneten Form von verschieden dicken Filmen ohne Schwierigkeiten hergestellt werden kann. Dazu kommt als sehr wesentlicher Gesichtspunkt, daß nach allgemeiner Ansicht die Bakteriencellulose durch von den Bakterien ausgeschiedene Enzyme außerhalb der Zelle, wobei vielleicht nur die äußerste Membran der Zelle eine Funktion ausübt, synthetisiert wird, also möglicherweise das schwere Wasser und die CD-deuterierte Kohlenstoffquelle in die Zelle nicht aufgenommen und in den Stoffwechselmechanismus nicht einbezogen wird. In einer kurzen Mitteilung [6] haben wir bereits über das Ultrarotspektrum von CD-deuterierter Bakteriencellulose berichtet. In dieser Arbeit sollen die Versuche ausführlicher beschrieben und die Ergebnisse diskutiert werden.

2. *Experimentelles*

2.1. *Herstellung der Proben*

Zur Verfügung standen uns zunächst Stammkulturen des Bakteriums xylinum auf einer Nährlösung, wie sie von *Hestrin* und *Schramm* [7] angegeben worden ist. Nachdem ein direkter Ersatz des Wassers in diesem Nährmedium durch hochprozentiges schweres Wasser fehlschlug, konnten wir das Wachstum der Bakterien und auch die durch sie erfolgende Cellulosebildung durch allmähliche Gewöhnung an 30%-, 50%-, 80%- und schließlich von über 99%haltiges schweres Wasser in mehreren Passagen von gleichstarkem D_2O-haltigem Wasser erreichen. Sowohl in den Stammlösungen, vor allem aber in den größeren Kulturen, ist das Wachstum der Bakterien und damit die Vliesbildung der Celluloseproduktion bei Verwendung von schwerem Wasser zuerst deutlich und nach der ersten sichtbaren Vliesbildung nur wenig verzögert. Zum Ansetzen der Kulturlösungen verwendeten wir schweres Wasser von 99,8% D_2O-Gehalt.

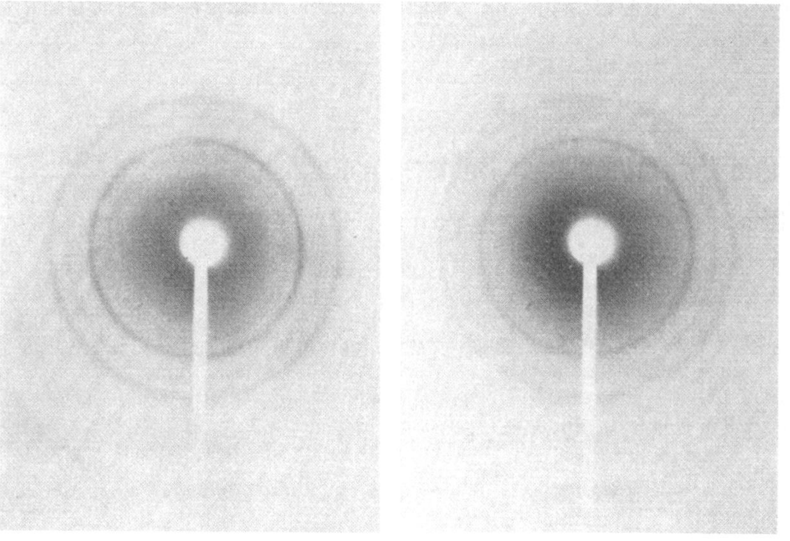

Bild 1. Röntgenbeugungsdiagramme von
a) normaler Bakteriencellulose (Probe A aus H_2O + Glycerin-H_8) b) CD-deuterierter Bakteriencellulose (Probe C aus D_2O + Glycerin-D_8)

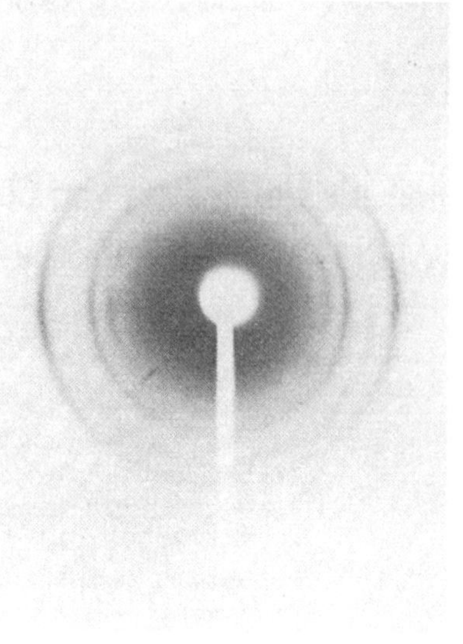

Bild 2. Röntgenbeugungsdiagramm von im Verhältnis 1:2 verstreckter Bakteriencellulose

Da nicht unter völligem Luftabschluß gearbeitet wurde, erfolgte ein langsamer Austausch mit der in der Laborluft enthaltenen Feuchtigkeit, so daß der D_2O-Gehalt allmählich abnahm. Er betrug etwa 98% nach der ersten Ernte (nach 6 bis 10 Tagen) und 93 bis etwa 95% nach der dritten Ernte (nach 12 bis 16 Tagen). Diese Werte wurden UR-spektroskopisch an durch Mikrodestillation gereinigten Proben der Nährlösung bestimmt.

Die Entfernung der Bakterien aus den Vliesen erfolgte durch Behandlung mit 1% NaOH bei 100 °C in 1 h. Bei den in schwerem Wasser erzeugten Bakteriencellulosen wurden diese Reinigung mit deuterierter Natronlauge und auch das Auswaschen nach dieser Behandlung mit schwerem Wasser durchgeführt.

Da CD-deuterierte Glucose sehr schwer zu erhalten ist, haben wir CD-deuteriertes Glycerin, das uns verhältnismäßig leicht zugänglich war, zur Synthese von Cellulose durch Bakterien zu verwenden versucht, nachdem uns zu anderen Versuchen an diese Kohlenstoffquelle gewöhnte Bakterienstämme zur Verfügung standen. Die Anreicherung des Glycerin-D_8 betrug in den CD-Gruppen 97,5 Atom% und in den OD-Gruppen 99,0 Atom%. Genauere Angaben über Wachstumsverhältnisse und die Reinigung der Bakteriencellulose von anhaftenden oder im Vlies festgehaltenen Bakterien werden in einer in Vorbereitung befindlichen Veröffentlichung über die Gewinnung von Bakteriencellulose sowie ihr Verhalten gegen Wasser (siehe Kurzmitteilung [8]) mitgeteilt. Die Gewinnung und Reinigung der zu den spektroskopischen Untersuchungen gewonnenen Cellulose-Vliesfilme in schwerem Wasser erfolgte auf die gleiche, eben beschriebene Weise wie bei der Glucose. Die Verwendung von CD-deuteriertem Glycerin anstelle von normalem Glycerin konnte ohne Schwierigkeiten nach einigen Versuchskulturen durchgeführt werden; die Vliesbildung begann noch etwa 24 h später, aber die Wachstumsgeschwindigkeit wird im wesentlichen durch den Deuteriumgehalt des Lösungsmittels in den Nährlösungen bestimmt. Äußerlich unterscheidet sich deuterierte nicht von normaler Bakteriencellulose. Auch im Röntgenbeugungsdiagramm sind keine Strukturunterschiede zu erkennen (Bild 1).

2.2. *UR-spektroskopische Untersuchungen*

Die Ultrarotspektren wurden mit einem Ultrarotspektralphotometer UR 10 des VEB Carl Zeiss, Jena, im Bereich von 1008–3800 cm^{-1} mit LiF-Prisma registriert. Zur Herstellung der etwa 0,01 mm dicken Proben wurden die nach der in 2.1 beschriebenen Reinigung noch stark gequollenen Vliese über Gläser gespannt und getrocknet. Soweit besonderer Wert auf die Deuterierung der Hydroxylgruppen gelegt wurde, erfolgten die Reinigung mit NaOD und D_2O und die Trocknung im Exsikkator über P_2O_5, so daß die Probe nicht mit normalem Wasser in Berührung kam. Eine geringe Rehydrogenierung der leicht zugänglichen Bereiche wurde vor Anfertigung des UR-Spektrums durch Einwirkung von D_2O-Dampf in Deuterierungsküvetten [9] beseitigt.

Zur Untersuchung des Ultrarotdichroismus wurden die Proben im gequollenen Zustand etwa im Verhältnis 1:2 verstreckt. Mit dem Streckprozeß ist eine starke Entquellung verbunden. Die Röntgendiagramme in Bild 2 zeigen, welcher Orientierungsgrad dabei erreicht wird. Die Messung erfolgte mit einem vor dem Monochromatorspalt angeordneten Selenpolarisator.

3. *Ergebnisse*

In Bild 3 sind die Ultrarotspektren für vier Bakteriencellulosen mit unterschiedlicher Deuterierung wiedergegeben. Es wird nur der Frequenzbereich der OH-, CH-, OD- und CD-Valenzschwingungen abgebildet. Über die im mittleren und fernen Ultrarot beobachteten deuterierungsabhängigen Veränderungen und die daraus resultierende Interpretation des UR-Spektrums der Cellulose wird in einer weiteren Arbeit berichtet werden [10].

Die CH- und CD-Valenzschwingungen sind in Tabelle 1 zusammengestellt. Wie zu erwarten, werden in normaler Bakteriencellulose A nur CH-Banden und in der aus Glycerin-D_8 in D_2O erhaltenen Probe C nur CD-Banden gefunden. Einige sehr schwache CH-Banden in Probe C sind auf die unvollständige Deuterierung des Glycerins und der Nährlösung zurückzuführen. Die CD-Banden unterscheiden sich in ihrer Struktur sehr stark von den CH-Banden. Wir können daher das Schwingungsspektrum der CD-deuterierten Cellulose nicht einfach durch eine Frequenzverschiebung als Folge der Veränderung der Atommassen erklären,

Tabelle 1. Intensität und Dichroismus der CH- und CD-Valenzschwingungen von deuterierter Bakteriencellulose

Probe: Lösungsmittel: C-Quelle:	A H_2O Glycerin-H_8	B D_2O Glycerin-H_8	C D_2O Glycerin-D_8	D H_2O Glycerin-D_8	Zuordnung
Frequenz [cm^{-1}]					
2970	m, π	m, π		—	νC^1H
2943	m, (σ)	m, (π)		—	$\nu_a CH_2$
2920	Sch.	—		Sch.	νCH
2897	ss, σ	s, σ	vw (2970–2853)	s, σ	A: νCH, $\nu_s CH_2$ B: νCH, $\nu_s CH_2$ C: νCH
2853	s, π	vw		m, π	νCH
2735	w, π	—		—	?
2212	—	—	m, σ	m, σ	$\nu_a CD_2$
2140	—	m, breit, σ	w, breit, σ	—	νCD
2110	—	—	s, σ	s, σ	$\nu_s CD_2$

Bezeichnung der relativen Intensität: ss — sehr stark, s — stark, m — mittel, w — schwach, vw — sehr schwach, Sch. — Schulterbande

π: Größere Absorption bei E-Vektor parallel zur Streckrichtung
σ: Größere Absorption bei E-Vektor senkrecht zur Streckrichtung

wie das bei Deuterierung der Hydroxylgruppen möglich ist, wenn Bereiche mit gleicher übermolekularer Struktur deuteriert werden [2]. Alle CD-Banden haben σ-Dichroismus.

In den unvollständig deuterierten Proben B und D tritt jeweils nur ein Teil der in A bzw. C gefundenen Absorptionsbanden auf. Mit Ausnahme der Bande 2897 cm^{-1}, die in B und D vorhanden ist, werden in Probe B die Banden gefunden, die in D fehlen. Wir schließen daraus, daß in diesen Proben keine statistische Verteilung der CD-Gruppen vorliegt, sondern jeweils ganz bestimmte Kohlenstoffatome des Glucoserings deuteriert bzw. hydrogeniert sind. Die in unserer ersten Mitteilung [6] angenommene statistische Verteilung der CD-Gruppen in Probe B und die damit erklärte geringere Bandenschärfe im mittleren Ultrarot konnte bei einer genaueren Betrachtung nicht bestätigt werden.

4. *Diskussion*

Die Kultur im schweren Wasser (Probe B) war ursprünglich mit der Zielsetzung durchgeführt worden, eine vollständig hydroxyldeuterierte Bakteriencellulose zu erhalten, denn durch nachträgliche Behandlung mit D_2O können nur etwa 30% der Hydroxylgruppen ausgetauscht werden, der Rest ist ohne Zerstörung der übermolekularen Struktur unzugänglich. Im Spektrum tritt neben der erwarteten OD-Valenzschwingungsbande eine breite, mittelstarke Bande bei 2140 cm^{-1} auf, die auf die CD-Valenzschwingung zurückzuführen ist. Das Frequenzverhältnis zum Schwerpunkt der νCH-Bande beträgt etwa 1,35. Bei Synthese des Cellulosemoleküls aus Glycerin müssen in den Zwischenprodukten auch CH-Bindungen gelöst werden. Wir fanden jedoch das gleiche UR-Spektrum, wenn Glucose als Kohlenstoffquelle eingesetzt wurde (Bild 4), was nur erklärt werden kann, wenn die Glucosemoleküle nicht direkt zur Cellulose polymerisiert werden. Man muß annehmen, daß die Glucose zunächst abgebaut wird und die Synthese über den gleichen Weg wie bei Glycerin erfolgt. Zu ähnlichen Ergebnissen kamen *Minor*, *Greathouse* u. Mitarb. [11, 12] bei Versuchen mit ^{14}C-markierter Glucose. Ihre Ergebnisse ließen jedoch den Schluß zu, daß ein Teil der Glucose auch direkt zur Cellulose polymerisiert wird [13].

Bei der Synthese der Cellulose aus Glycerin bleibt die Kohlenstoffkette erhalten [12]. Daraus folgt, daß der Wasserstoff in der Hydroxymethylengruppe (C_6) nicht ausgetauscht wird. Wir haben daher in den Proben A und B CH_2OH- und CH_2OD-Gruppen und in den aus deuteriertem Glycerin hergestellten Proben C und D CD_2OH- und CD_2OD-Gruppen. Diese Annahme macht die in Tabelle 1 angegebene Zuordnung der symmetrischen und unsymmetrischen CH_2-Valenzschwingung zu den Banden 2897 und 2943 cm^{-1} erforderlich. Die Bande 2970 cm^{-1} verhält sich gegenüber der Deuterierung ebenso wie die CH_2-Schwingungen; sie gehört daher ebenfalls zu einer CH-Gruppe, die nicht am Wasserstoffaustausch mit dem umgebenden Medium teilnimmt. Wir ordnen sie dem Kohlenstoffatom C_1 zu, das im Gegensatz zu den anderen C-Atomen mit zwei Sauerstoffatomen verbunden ist, wodurch die für eine CH-Schwingung etwas zu hohe Frequenz erklärbar wird.

Die Probe C war bis zur Anfertigung des in Bild 3 gezeigten Spektrums nicht mit normalem Wasser oder der Luftfeuchtigkeit in Berührung gekommen. Trotzdem ist im UR-Spektrum eine Hydroxylbande vorhanden, die wesentlich stärker ist, als dem maximal 5%igen H_2O-Gehalt der Nährlösung entspricht. Durch Deuterierung mit D_2O läßt sich die Intensität dieser Bande nicht verringern, sie beruht also auf in gut geordneten Bereichen eingebauten OH-Gruppen. Wir erklären die relativ hohe Intensität der Hydroxylbande dadurch, daß bei der Synthese in den Cellulosekristallit bevorzugt Hydroxylgruppen eingebaut werden, wobei eine Anreicherung des leichten Wasserstoffs erfolgt. Wenn die OH-Gruppen in das Kristallgitter eingebaut sind, lassen sie sich durch das umgebende D_2O-Medium nicht mehr austauschen.

Diese Feststellung ist nicht mit der von *Hestrin* und *Schramm* [7] sowie *Mühlethaler* [14] geäußerten Ansicht vereinbar, daß zunächst eine polymere amorphe Masse produziert wird, aus der dann die Cellulosefibrillen entstehen. Es ist vielmehr anzunehmen, daß bei der

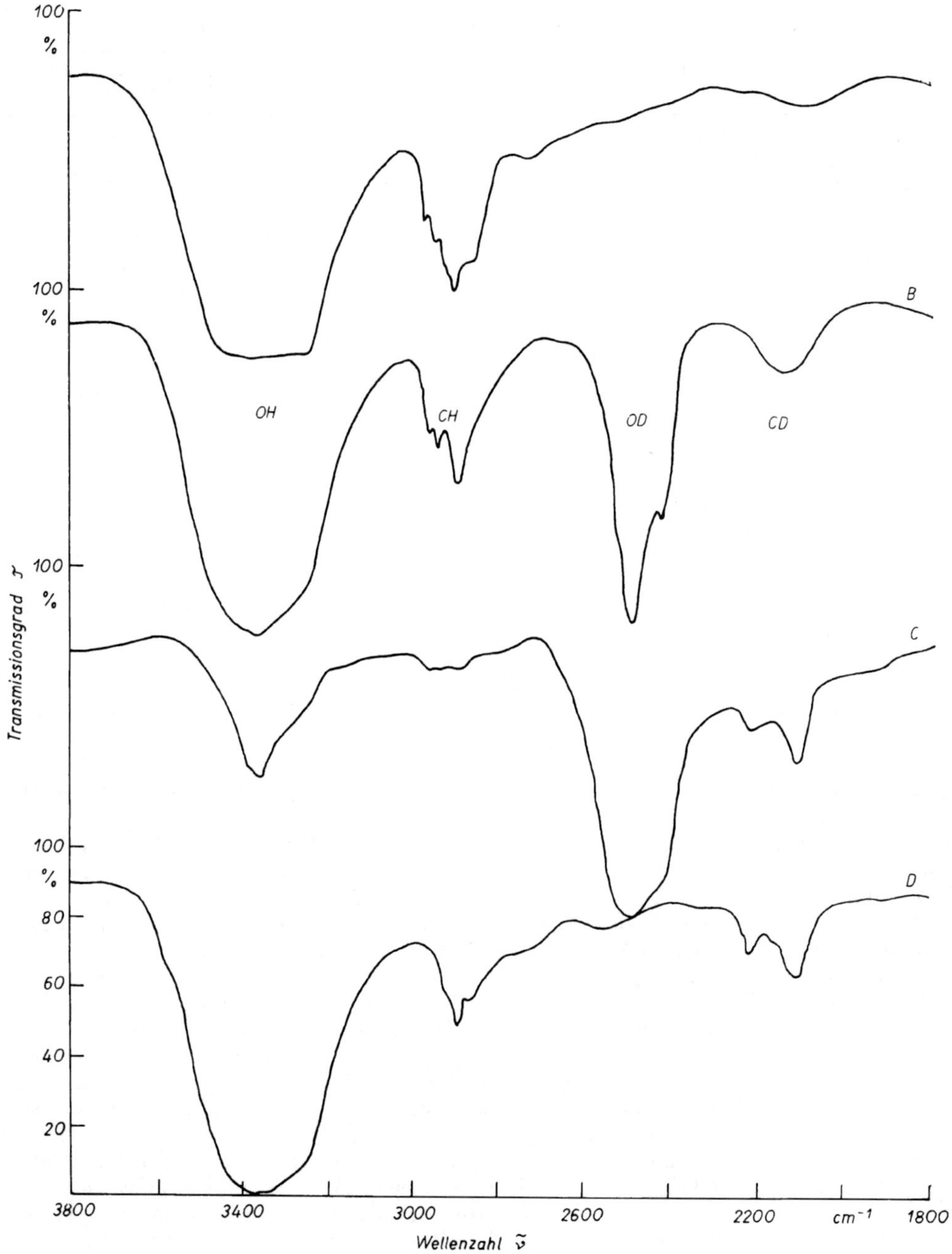

Bild 3. Ultrarotspektren von Bakteriencellulosen mit unterschiedlicher Deutierung

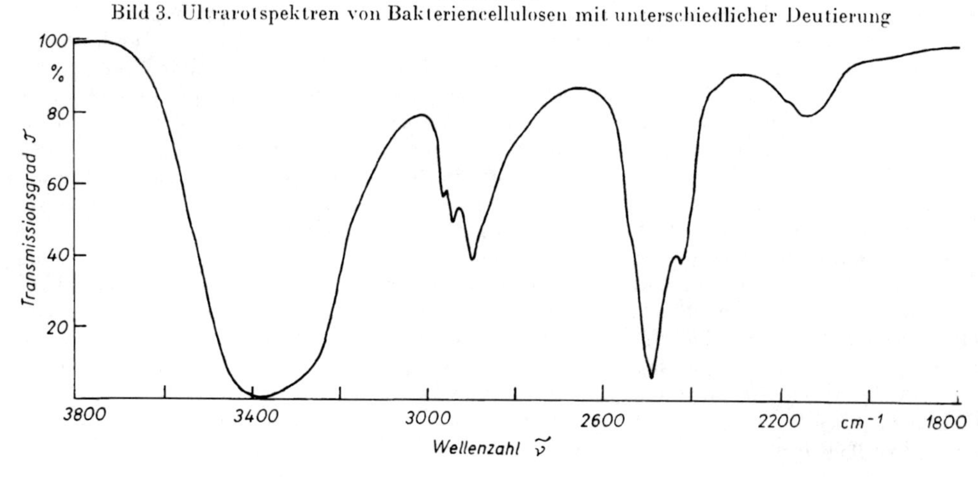

Bild 4. Ultrarotspektrum von Bakteriencellulose, die in D_2O aus Glucose synthetisiert wurde

Erzeugung der Bakteriencellulose Polymerisation und Kristallisation gleichzeitig erfolgen, wodurch lange Kristallite aus gestreckten Cellulosemolekülen entstehen. Auf diese Weise ist die hohe Kristallinität erklärbar, ohne Kettenfaltung annehmen zu müssen. Diese Ansicht wird durch von *Colvin* [15, 16] durchgeführte elektronenmikroskopische Untersuchungen an wachsenden Bakteriencellulose-Mikrofibrillen gestützt.

Mann und *Marrinan* [17] berichteten über spektroskopische Untersuchungen an Bakteriencellulose, die in 10-, 30- und 100%igem D_2O erzeugt worden war. Diese Arbeit enthält keinen Hinweis auf das Auftreten von CD-Banden, und das UR-Spektrum der in 100% D_2O gewachsenen Cellulose wird nicht abgebildet. Aus Unterschieden in der Struktur der OD-Banden von Proben mit 10 bzw. 30% OD-Gruppen folgern die Verfasser, daß Kopplungen der OD-Schwingung im Cellulosekristall auftreten. Da diese Unterschiede nur bei Bakteriencellulose und nicht in Cellulose I anderer Herkunft gefunden wurden, ist diese Erklärung zweifelhaft. Wir nehmen an, daß die oben erwähnte Anreicherung des leichten Wasserstoffs nicht gleichmäßig an allen drei Hydroxylgruppen des Glucoseringes erfolgt, was schließlich zur Abhängigkeit der Struktur der OD-Valenzschwingung von der D_2O-Konzentration führt.

5. *Zusammenfassung*

Um eine bessere Zuordnung des Ultrarotspektrums der Cellulose durchführen zu können, wurde am Kohlenstoff deuterierte Bakteriencellulose hergestellt. Die Deuterierung konnte durch Kultivierung von Acetobacter xylinum in D_2O-haltiger Nährlösung unter Verwendung von deuteriertem Glycerin als Kohlenstoffquelle durchgeführt werden. Wenn nur D_2O oder nur Glycerin-D_8 eingesetzt werden, erhält man spezifisch an bestimmten C-Atomen deuterierte Cellulose nach dem Schema

H_2O, Glycerin H_8 : C^6H_2	5 × CH	
D_2O, Glycerin H_8 : C^6H_2	4 × CD	C^1H
D_2O, Glycerin D_8 : C^6D_2	5 × CD	
H_2O, Glycerin D_8 : C^6D_2	4 × CH	C^1D,

worin sich die oberen Indices auf die Numerierung der C-Atome im Glucosering beziehen.

Bei der Produktion der Bakteriencellulose in D_2O-Lösung wird das leichte Wasserstoffisotop in den Cellulosekristalliten angereichert. Dies ist als Hinweis darauf zu werten, daß bei der Entstehung der Bakteriencellulose-Mikrofibrillen gleichzeitig Polymerisation und Kristallisation erfolgen.

Anhand der UR-Spektren der spezifisch deuterierten Proben konnten die CH-Banden der Cellulose neu interpretiert werden.

Literatur

[1] *Liang, C. Y.:* Infrared Spectra of Polymers: Deuteration and Polarization. In „Newer Methods of Polymer Characterization". Ed. B. Ke. New York: Interscience Publ. 1964.

[2] *Mann, J.*, und *Marrinan, H. J.:* The reaction between cellulose and heavy water. Trans. Faraday Soc. **52** (1956) S. 481—497.

[3] *Dechant, J.:* Zur Accessibilität der Cellulose in Bereichen mit niedrigem Ordnungsgrad. Faserforsch. u. Textiltechnik **19** (1968) 8, S. 365—368.

[4] *Chorney, W., Scully, N. J., Crespi, H. L.*, und *Katz, J. J.:* The growth of algae in deuterium oxide. Biochem. Biophys. Acta **37** (1960) S. 280—287.

[5] *Crespi, H. L., Archer, S. M.*, und *Katz, J. J.:* Culture of algae and other micro-organismus in deuterium oxide. Nature, London **184** (1959) S. 729—730.

[6] *Correns, E.*, und *Dechant, J.:* Das Ultrarotspektrum von CD-deuterierter Bakteriencellulose. Faserforsch. u. Textiltechnik **18** (1967) S. 590—591.

[7] *Hestrin, S.*, und *Schramm, M.:* Synthesis of cellulose by Acetobacter xylinum. 2. Preparation of freeze-dried cells capable of polymerizing glucose to cellulose. Biochem. J. **58** (1954) S. 345—352.

[8] *Correns, E.*, und *Dormeyer, E.:* Über das Verhalten der Bakteriencellulose gegen Wasser. Faserforsch. u. Textiltechnik **19** (1968) S. 89—90.

[9] *Dechant, J.:* Ultrarotspektroskopische Zugänglichkeitsmessungen an Cellulose. Faserforsch. u. Textiltechnik **18** (1967) S. 239—244.

[10] *Dechant, J.:* Die Interpretation des UR-Spektrums der Cellulose unter Verwendung von CD-deuterierten Proben. Faserforsch. u. Textiltechnik **19** (1968) 11, im Druck.

[11] *Minor, F. W., Greathouse, G. A., Shirk, H. G., Schwartz, A. M.*, und *Harris, M.:* Biosynthesis of C^{14}-specifically labelled cellulose by Acetobacter xylinum. I. From D-glucose-1-C^{14} with and without ethanol. J. amer. chem. Soc. **76** (1954) S. 1658—1661.

[12] *Greathouse, G. A.:* Biosynthesis of C^{14}-labelled cellulose by Acetobacter xylinum. IV. From D-glucose-1-C^{14}. J. amer. chem. Soc. **79** (1957) S. 4505—4507.

[13] *Peverati, S.:* Biosintesi della cellulosa dagli acetobacter. Ind.-Carta (ital.) (1963) 1, S. 267—272.

[14] *Mühlethaler, K.:* The structure of bacterial cellulose. Biochim. Biophys. Acta **3** (1949) S. 527—535.

[15] *Colvin, J. R., Bayley, S. T.*, and *Beer, M.:* The growth of cellulose microfibrils from Acetobacter xylinum. Biochim. Biophys. Acta **23** (1957) S. 652—653.

[16] *Colvin, J. R.:* Tip-growth of bacterial cellulose microfibrils and its relation to the crystallographic fine structure of cellulose. J. Polymer Sci., B: Polymer Letters **4** (1966) S. 747—754.

[17] *Mann, J.*, und *Marrinan, H. J.:* Crystalline modifications of cellulose. Part II. A study with plane-polarized infrared radiation. J. Polymer Sci. **32** (1958) S. 357—370.

Eingegangen am 30. Mai 1968

Untersuchungen zur Diffusion beim Naßspinnen von Polyacrylnitrilfasern

4. Mitt.: Ergebnisse bei Einsatz aliphatischer Alkohole als Fällmedien

Volker Gröbe und Hans-Jürgen Heyer[1])

Deutsche Akademie der Wissenschaften zu Berlin, Institut für Faserstoff-Forschung in Teltow-Seehof

DK 677.494.745.32.021.5:66.062.855.5:677.494.061.3:532.72:547.26

Lösungen von Polyacrylnitril in Dimethylformamid wurden aus Fällbädern, die Methanol, Äthanol und n-Butanol enthielten, zu Fäden gesponnen und die Koeffizienten der Diffusion des Fällmittels in den Faden und des Lösungsmittels ins Fällbad bestimmt. Die Ergebnisse werden auf der Grundlage früher dargelegter Vorstellungen dahingehend diskutiert, daß Stärke und Struktur der primär gebildeten Fadenaußenschicht die Diffusion regulieren.

Исследование процесса диффузии при формовании полиакрилонитрильных волокон по мокрому способу Сообщ. 4-е: Результаты, полученные при применении алифатических спиртов в качестве осадителей

Сформованы волокна из растворов полиакрилонитрила в диметилформамиде при применении осадительных ванн, содержащих метиловый, этиловый и *н.* бутиловый спирты. Определены коэффициенты диффузии осадителя в волокно и растворителя в осадительную ванну. Исходя из ранее сформулированных представлений приводится обсуждение полученных результатов, причем установлено, что толщина и структура первично образующегося поверхностного слоя оказывают регулирующее действие на процесс диффузии.

Investigations of the Diffusion in Wet Spinning of Polyacrylonitrile Filaments
4th Comm.: Results Obtained by Using Aliphatic Alcohols as Precipitating Media

Solutions of polyacrylonitrile in dimethyl formamide were spun into coagulation baths containing methanol, ethanol and n-butanol, and the diffusion coefficients for the precipitant into the filament and the solvent into the bath were determined. Based on the concept reported previously, the results are explained by diffusion-controlling effects of the thickness and structure of a skin primarily formed on the spinning filament.

1. *Einleitung*

In den drei vorangegangenen Veröffentlichungen zum Thema haben wir

a) den Wert und die theoretischen Grundlagen des Verfahrens, die Koeffizienten der Diffusion des Fällmittels in den Faden und des Lösungsmittels ins Fällbad zu bestimmen, diskutiert [1],
b) die dabei auftretende experimentelle Problematik dargelegt [2],
c) die Ergebnisse, die wir beim Spinnen der Lösungen von Acrylnitrilpolymerisaten in Dimethylformamid (DMF) in Fällbädern aus Wasser und Wasser/DMF-Mischungen erhielten, mitgeteilt und dahingehend interpretiert, daß Stärke und Struktur der primär gebildeten Polymermembranen die weitere Diffusion regulieren [3].

Die vorliegende Arbeit stellt eine Ergänzung der 3. Mitteilung dar. Als Fällmedien dienten diesmal einwertige aliphatische Alkohole: Methanol, Äthanol und n-Butanol.

2. *Versuchsmethodik*

Die charakteristischen Daten des verwendeten Polymerisats und der Fällmittel, die experimentelle Methodik und das Auswerteverfahren wurden in der 2. Mitteilung beschrieben; die detaillierten Spinnbedingungen entsprechen den in der 3. Mitteilung angegebenen. Die Einlochdüsen hatten einen Lochdurchmesser von 1,143 mm.

3. *Versuchsergebnisse*

3.1. *Variation der Fällbadart*

In Bild 1 sind die Diffusionskoeffizienten von Fällungs- und Lösungsmittel, die beim Spinnen 15 gew.-%iger Spinnlösungen resultierten, in Abhängigkeit von der Art des Alkohols graphisch dargestellt. Zum Vergleich sind außerdem die Werte, die wir früher beim Spinnen in Wasser erhalten hatten [3], angegeben.

Wie man erkennt, sinken die D-Werte mit zunehmender Länge der Fällmittelmoleküle stark ab. Besonders auffällig und bemerkenswert ist dabei die Tatsache, daß das Verhältnis $D_{\text{Alkohol}}/D_{\text{DMF}}$ gegenüber $D_{\text{Wasser}}/D_{\text{DMF}}$ sehr klein ist. Bei Einsatz alkoholischer Fällmedien überwiegt also — bei insgesamt verlangsamtem Diffusionsgeschehen — bei weitem die DMF-Diffusion ins Fällbad.

3.2. *Variation der Polymerkonzentration in der Spinnlösung*

Aus Äthanol wurden bei 10, 20 und 30°C Spinnlösungen unterschiedlicher Konzentration (12 bis 22 Gew.-%) zu Fäden gesponnen. Bild 2 zeigt die Ergebnisse.

Mit steigender Polymerkonzentration nehmen die Diffusionskoeffizienten ab; die Unterschiede zwischen den D-Werten von Fällungs- und Lösungsmittel werden dabei immer größer.

4. *Diskussion*

Die Meßergebnisse sollen auf Basis der in der letzten Mitteilung [3] entwickelten Vorstellungen gedeutet werden. Wir waren zu der Schlußfolgerung gelangt, daß die äußerste Fadenzone (Polymermembran), die sich bei Einsatz wäßriger Fällbäder in extrem kurzer Zeit bildet, für das Ausmaß der Diffusion von Fäll- und Lösungsmittel weitgehend verantwortlich ist: Ihre Stärke reguliert die Gesamtdiffusion, ihre Dichte hemmt darüber hinaus besonders die Diffusion des Fällmittels.

Aliphatische Alkohole sind — wie die Ergebnisse von Trübungstitrationen zeigen ([4] und Tabelle 1) — schwächere Fällmedien für Polyacrylnitril-Lösungen als

[1]) Teil der Dissertation von *H.-J. Heyer*, Humboldt-Universität Berlin 1967. 3. Mitt. s. [3].

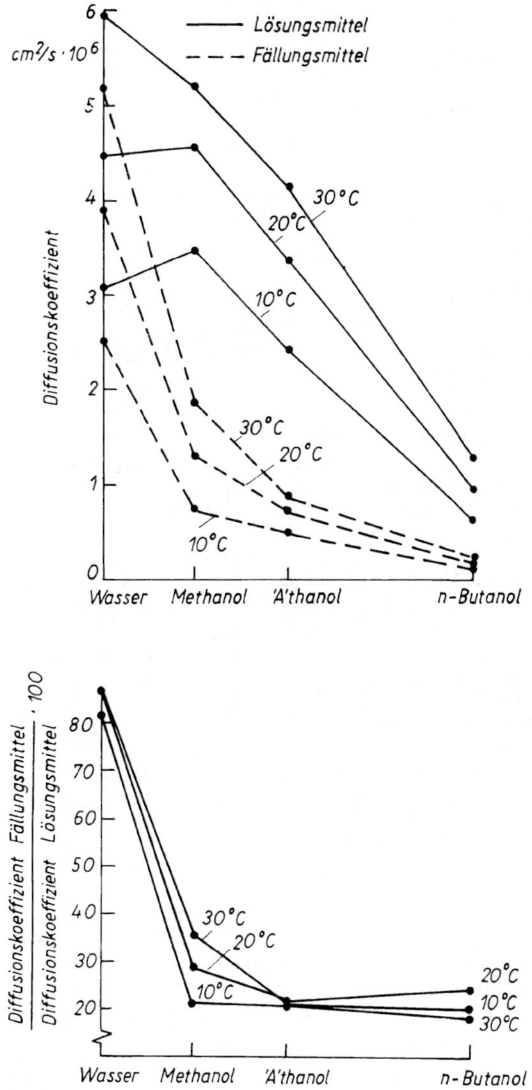

Bild 1. Diffusionskoeffizienten von Fäll- und Lösungsmittel in Abhängigkeit von der Fällbadart (15 gew.-%ige Lösung)

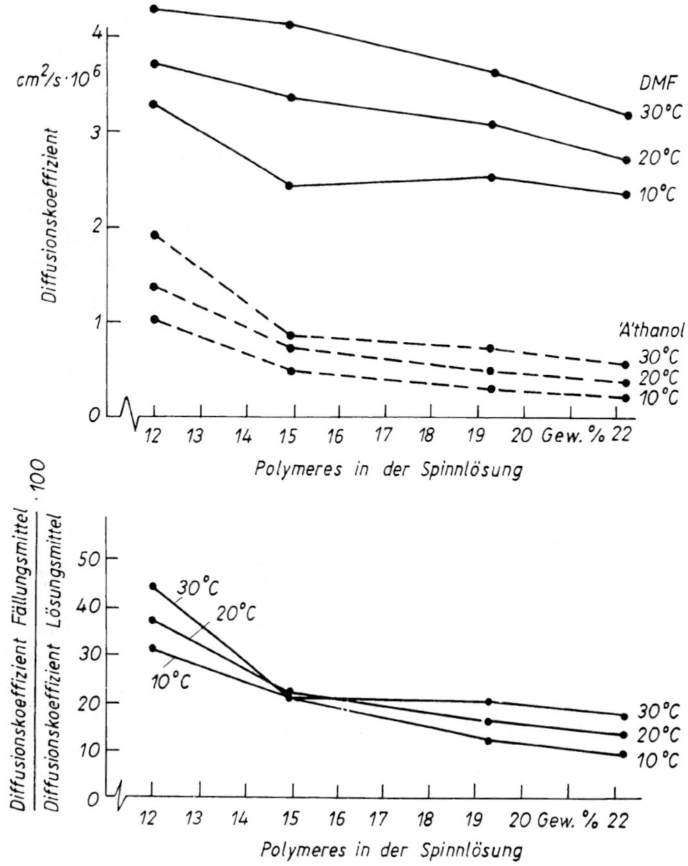

Bild 2. Diffusionskoeffizienten von DMF und Äthanol in Abhängigkeit von der Polymerkonzentration der Spinnlösung

Wasser. Dieser Befund wird verständlich, wenn man als Maß für die Wechselwirkung zwischen DMF und diesen Fällmedien, die Hydroxylgruppen enthalten und somit Wasserstoffbrücken bilden können, die entsprechenden Polaritäten betrachtet: DMF besitzt als stark polares Lösungsmittel ein Dipolmoment von 3,86 Debye; dem stehen beim Wasser 1,84 Debye gegenüber, bei den hier eingesetzten Alkoholen jedoch nur 1,66 bis 1,68 Debye.

Als Folge der schwächeren Fällwirkung erstreckt sich nun die Phase der Entmischung über einen längeren Zeitraum, und die Polymermoleküle lagern sich stärker und dichter zusammen [5]. Die experimentell meßbare Diffusion findet also in einem Gelfaden statt, der — im Vergleich zu Fäden, die aus Wasser ersponnen wurden — eine stärkere *und* dichtere äußere Zone aufweist. Damit stehen die niedrigen Werte der Diffusionskoeffizienten (Bild 1) im Einklang, und auch das Absinken der Werte für $D_{\text{Alkohol}}/D_{\text{DMF}}$ wird verständlich.

Die Abnahme der Diffusionskoeffizienten der Fällmittel innerhalb der Alkoholreihe beruht offenbar im wesentlichen auf ihrer ansteigenden Viskosität (Bild 3): Ermittelt man das Produkt aus D und der Fällmittelviskosität η für die einzelnen Fällmedien, so ergibt sich Bild 4; das Produkt $D \cdot \eta$ bleibt also bei Variation der Alkoholart annähernd konstant.

Die mit zunehmender Polymerkonzentration um Größenordnungen ansteigende Viskosität der Spinnlösungen wirkt sich hingegen auf die gemessenen Diffusionsgeschwindigkeiten von Fäll- und Lösungsmittel nicht merklich aus (Bild 2). Dieses Ergebnis überrascht nicht, denn zum Zeitpunkt der Messung hat in der die Diffusion regulierenden Faden-Außenschicht bereits Phasentrennung stattgefunden. Aus der in Bild 2 gezeigten leichten Abnahme der Diffusionskoeffizienten und der $D_{\text{Fällmittel}}/D_{\text{DMF}}$-Quotienten kann geschlossen werden, daß mit steigender Spinnlösungskonzentration die primär entstehende Polymermembran zunehmend dichter anfällt.

Tabelle 1. Fällmittelverbrauch bei der Trübungstitration von 50 ml einer 2%igen Homopolymerisatlösung in DMF bei 20 °C

Wasser	4,6 ml
Methanol	12,6 ml
Äthanol (mit 4 Gew.-% Wasser)	12,8 ml
n-Butanol	13,2 ml

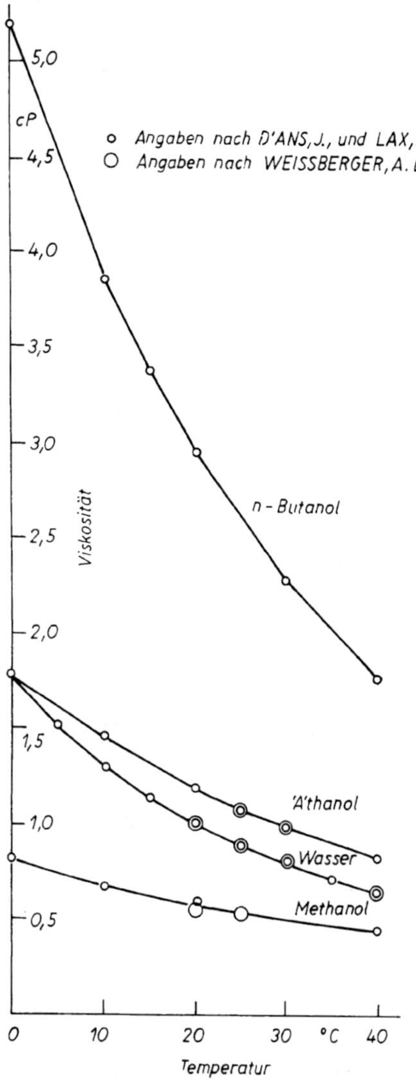

Bild 3. Viskosität der Fällungsmittel in Abhängigkeit von der Temperatur

Tabelle 2. Quellwerte von Polyacrylnitrilgelfäden in Abhängigkeit von der Art des Fällmittels (14,7 gew.-%ige Lösung),

$$Q = \frac{\text{Naßgewicht} - \text{Trockengewicht}}{\text{Trockengewicht}} \cdot 100[\%]$$

Fällmittel	10 °C	20 °C	30 °C
Wasser	393	412	467
Methanol	270	280	307
Äthanol	186	212	247
n-Butanol	44	46	43

Es ist bereits früher nachgewiesen worden [3], daß eine besonders bevorzugte DMF-Diffusion beim Fällvorgang — erkennbar an sehr niedrigen $D_{\text{Fällmittel}}/D_{\text{DMF}}$-Werten — zur Bildung von Fäden führt, deren Quellwert (im Gleichgewicht) relativ niedrig liegt. Prinzipiell besteht dieser Zusammenhang auch bei

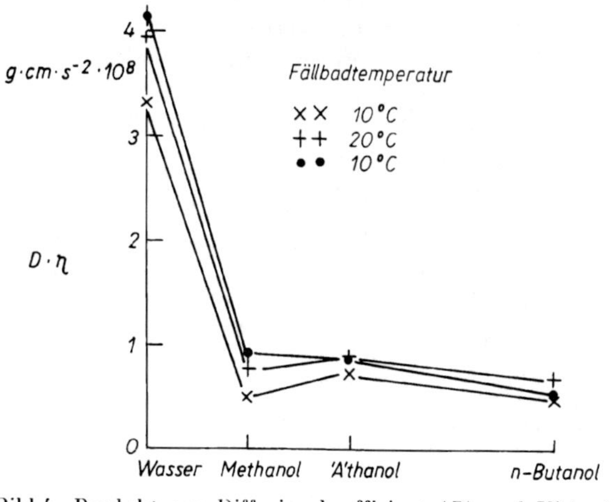

Bild 4. Produkt aus Diffusionskoeffizient (D) und Viskosität (η) des Fällungsmittels in Abhängigkeit von der Fällbadart (15 gew.-%ige Lösung)

Tabelle 3. Quellwerte von Polyacrylnitrilgelfäden in Abhängigkeit von der Polymerkonzentration der Spinnlösung (Fällbad: Äthanol)

Polymerkonzentration [Gew.-%]	10 °C	20 °C	30 °C
12,0	343	334	358
14,7	186	212	247
22,2	64	74	77

Fäden, die aus alkoholischen Fällbädern ersponnen wurden (Tabelle 2 und 3). Eine quantitative Korrelation besteht allerdings nicht.

Wir danken Frau *B. Schulze* für sorgfältige experimentelle Mitarbeit.

Literatur

[1] *Heyer, H.-J.*, und *Gröbe, V.:* Untersuchungen zur Diffusion beim Naßspinnen von Polyacrylnitrilfasern. 1. Mitt.: Grundlagen der Diffusionsmessungen. Faserforsch. u. Textiltechnik **18** (1967) 12, S. 577—584.

[2] *Gröbe, V.*, und *Heyer, H.-J.:* Untersuchungen zur Diffusion beim Naßspinnen von Polyacrylnitrilfasern. 2. Mitt.: Experimentelle Prüfung der Randbedingungen. Faserforsch. u. Textiltechnik **19** (1968) 1, S. 33—36.

[3] *Gröbe, V.*, und *Heyer, H.-J.:* Untersuchungen zur Diffusion beim Naßspinnen von Polyacrylnitrilfasern. 3. Mitt.: Ergebnisse bei Einsatz wäßriger Fällbäder. Faserforsch. u. Textiltechnik **19** (1968) 7, S. 313—318.

[4] *Gröbe, V.*, und *Meyer, K.:* Untersuchungen über den Einfluß des Fällmittels auf die Fadenbildung beim Naßspinnen von Polyacrylnitril. Faserforsch. u. Textiltechnik **10** (1959) 5, S. 214—224.

[5] *Mann, G.*, und *Gröbe, V.:* Über die Strukturbildung beim Naßspinnen von Polyacrylnitrillösungen. Faserforsch. u. Textiltechnik **17** (1966) 7, S. 315—322.

[6] *D'Ans, J.*, und *Lax, E.:* Taschenbuch für Chemiker und Physiker. Berlin: Springer 1949

[7] *Weissberger, A.:* Technique of organic chemistry. VII. Organic solvents. New York: Interscience Publ. 1955.

Eingegangen am 6. Mai 1968

Neue Versuche über die Behandlung von Hochpolymeren mit Schwefelwasserstoff, insbesondere hinsichtlich des Einflusses auf das Kriechverhalten

Annelore Mädicke, Max-Jochen Krahnstöver und Franz Sauerwald

Institut für Physikalische Chemie mit Metall- und Werkstofflaboratorium der Martin-Luther-Universität Halle-Wittenberg

DK 678.675'126:678.742.2:678.743.22:546.221.1:539.376:543.062

Die Verbesserung des Zeitstandverhaltens von vier Polyvinylchlorid-Sorten sowie vier Hochdruckpolyäthylen-Sorten und einem Polyamid durch Begasung mit Schwefelwasserstoff wurde untersucht. Der Schwefelgehalt von unbehandeltem und begastem Polyvinylchlorid wurde quantitativ bestimmt. Es handelt sich um Oberflächeneffekte.

Новые исследования обработки высокополимеров сероводоролом, в особенности, влияния этой обработки на ползучесть

В зависимости от обработки сероводородом изучено улучшение поведения четырех образцов поливинилхлорида, четырех образцов полиэтилена высокого давления и одного образца полиамида при длительном испытании. Проведено количественное определение содержания серы в обработанном и необработанном поливинилхлориде. Как показали исследования, результаты можно интерпретировать как поверхностные эффекты.

Novel Experiments on the Treatment of High Polymers with Hydrogen Sulfide and its Effect on Creeping

The improvement of the static tensile behaviour of four polyvinyl chloride samples, four high pressure polyethylene samples and one polyamide sample by treatment with hydrogen sulfide was investigated. The sulfur content of treated and untreated samples was estimated. The treatment resulted only in surface effects.

Anschließend an die Arbeiten von *M.-J. Krahnstöver* und *F. Sauerwald* [1 bis 4] über die Zeitstandfestigkeit von Hochpolymeren sollten — nach Vorversuchen von *H. Pick* in einer Diplomarbeit (1960) — die Ergebnisse gesichert und erweitert werden, worüber hier berichtet wird (vgl. [5]).

Von *M.-J. Krahnstöver* und *F. Sauerwald* [1 bis 4] wurde unter anderem gefunden, daß durch die Begasung mit Schwefelwasserstoff das Zeitdehnverhalten und damit die Zeitstandeigenschaften verbessert werden können.

Das aufgeworfene Problem scheint allgemein früher und auch inzwischen wenig bearbeitet worden zu sein. Bei *H. Klare* [6] wird eine Einwirkung von Sauerstoff und Schwefel auf die Biegsamkeit der Ketten von Polyamiden aufgeführt. Die wichtigsten physikalisch-chemischen Eigenschaften von modifizierten Kapron-Fasern untersuchten *L. G. Smolnikova, A. A. Konkin* und *N. I. Makarevič*. Sie versetzten Polycapramid mit Schwefelmonochlorid [7].

1. Experimentelles

Hier kann weitgehend auf [1 bis 5] verwiesen werden. Über Prüfkörper, Material, Behandlung mit H_2S und Analysenmethoden muß wenigstens folgendes gesagt werden:

1.1. Prüfkörper

Für die Zeitstanduntersuchungen von *PVC* wurden Hart-Polyvinylchlorid-Rohre verwendet. Die Rohre wurden in Segmente zerschnitten und aus diesen die Proben herausgearbeitet. Für die Festlegung der Abmessungen der Proben wurde TGL 07/707 für die Bestimmung des Elastizitätsmoduls als Vorlage benutzt.

In einem Versuch wurde Polyvinylchlorid-Rundmaterial geprüft. Die Rundproben aus nachchloriertem Polyvinylchlorid wurden nicht zu Schulterstäben verarbeitet. Die Stäbe wurden im Anlieferungszustand untersucht.

Die *Polyamid*-Proben wurden aus spritzgegossenen Platten 200 × 200 × 3 mm herausgearbeitet.

Für Versuche mit *Hochdruck-Polyäthylen* wurden zuerst Rohre verwendet. Andere Proben aus Hochdruck-Polyäthylen wurden aus Platten herausgearbeitet. Sie hatten die gleichen Abmessungen wie die aus Polyvinylchlorid.

Die gefrästen und gesägten Flächen der Proben wurden mit Schleifpapier geglättet und anschließend poliert.

1.2. Material

Bei den Hart-Polyvinylchlorid-Rohren handelte es sich meist um Emulsionspolymerisat, PVC-E I. Das Material war ein Rest des in [3] geprüften. Die Daten dafür können aus dieser Arbeit entnommen werden.

Drei weitere Versuche wurden mit Proben aus Rohrmaterial der Abmessungen 75 × 4,5 mm durchgeführt, im folgenden kurz als PVC-E II bezeichnet. Zum Material wurden Daten zur Verfügung gestellt, die aus [5] entnommen werden können.

Der Versuch mit Polyvinylchlorid-Suspensionspolymerisat wurde mit Proben aus Rohren der Abmessung 60 × 6,5 mm durchgeführt.

Das Rundmaterial aus PVC-E hatte einen Durchmesser von 20 mm. Angaben über Rezeptur und Vorgeschichte der beiden letzten PVC-Sorten wurden nicht gemacht.

Die Proben für die Versuche mit nachchloriertem PVC wurden aus Rundmaterial mit dem Durchmesser 9 mm hergestellt. Die charakteristischen Werte des Materials sind aus [5] zu entnehmen.

Für die Versuche mit Hochdruck-Polyäthylen wurden Proben aus Rohren der Abmessung 32 × 3,4 mm hergestellt. Dafür wurden uns folgende Daten mitgeteilt:

Dichte	0,919 g/cm³
Reißfestigkeit	153 kp/cm²
Reißdehnung	400%
Grenzbiegespannung	90 kp/cm²
E-Modul	1003 kp/cm²
Schlag- und Kerbschlagzähigkeit	brechen nicht
Kugeldruckhärte 0,8/5-60-	190 kp/cm²

Die Proben für weitere Versuche mit Hochdruck-Polyäthylen wurden aus Platten hergestellt. Die Platten hatten folgende Kennzeichnung: 3300, 1310, 1312 schwarz B 10. Über die Herstellung der Platten und die Vorgeschichte wurden keine Angaben gemacht.

Die Daten für die Proben aus Polyamid wurden aus [4] entnommen.

1.3. Behandlung mit Schwefelwasserstoff

Die Proben wurden gewöhnlich nach der Bearbeitung 1 h bei 20 °C mit strömendem Schwefelwasserstoffgas behandelt und anschließend 24 h in der Schwefelwasserstoff-Atmosphäre

Tabelle 1. Gesamtdehnung in % der Ausgangslänge der untersuchten PVC-Sorten im Anlieferungszustand nach 1500 h

PVC-Sorte	Belastung [kp/mm²]		
	1,60	2,00	2,50
PVC-E I	1,52	1,66	2,84
PVC-E II	1,10	—	—
	1,20	—	—
	1,17	1,89	—
PVC-E Rundmaterial	—	1,21	—
PVC-S	—	0,98	1,28

gelassen. Es kam außerdem hier wesentlich auf den Vergleich der bei 60 °C behandelten Proben mit den bei 20 °C behandelten an.

1.4. *Analysenmethoden*

Nach Vorversuchen mit dem Aufschluß in der *Parr*-Bombe [8] und direkter Titration [9] wurde die komplexometrische Bestimmung zur Anwendung gebracht. Das Analysenverfahren wurde von *W. Schöniger* [10] angegeben.

2. *Ergebnisse an Polyvinylchlorid*

2.1. *Die Zeitstandfestigkeit der angelieferten Polymerisate*

Die früheren Ergebnisse [1 bis 4] über die Zeitstandfestigkeit von angeliefertem Suspensions- und Emulsionspolymerisat konnten im wesentlichen bestätigt werden; ersteres ist dem letzteren im allgemeinen überlegen (Tabelle 1).

Es wurden drei verschiedene PVC-Emulsionspolymerisate und ein PVC-Suspensionspolymerisat untersucht, weil in der obengenannten Diplomarbeit der H_2S-Effekt sich am Emulsionspolymerisat teilweise nur undeutlich zeigte. Interessant sind die von *H. Pick* ausgeführten Versuche, die das Verhalten des Materials bei der Entlastung feststellen. Bild 1 zeigt eine solche Kurve für 30 °C. Man sieht daraus, daß eine Endlänge nach der Entlastung auch nur wieder in einem Kriechvorgang angestrebt und meist auch nach 500 h nicht ganz erreicht wird. Die Ursache für diese Relaxation dürfte in inneren Spannungen liegen, die während des offenbar ungleichmäßig verteilten Kriechvorganges entstehen.

Eine weitere Frage ist, welcher Natur die unmittelbar nach der Belastung auftretende Anfangsdehnung ist. Die Anteile an hier schon auftretenden plastischen Verformungen sind bei unseren Versuchen noch nicht bestimmt worden. Auch das Verhältnis dieser zu den bei der Rückdehnung ermittelten Größen wurde noch nicht genauer untersucht.

Die Natur der Oberflächenschicht ist von erheblicher Bedeutung für das Zeitstandverhalten. Proben mit polierten Oberflächen haben geringere Gesamtdehnungswerte als Proben mit unpolierten Oberflächen (bei PVC-E I nach 4100 h $\delta = 1{,}26\%$ poliert und 1,37% unpoliert, s. auch 2.2.).

2.2. *Die Behandlung mit H_2S und die mechanischen Eigenschaften*

Bei den neuen Versuchen über den *Einfluß der Schwefelwasserstoffbehandlung* der Polymerisate auf die *Zeitstandfestigkeit*, gemessen an der Gesamtdehnung δ, konnten die früheren Ergebnisse [2] an *E*-Material wiedergefunden werden. Eine Behandlung mit H_2S setzt die Kriechdehnungen der Polymerisate herab (Bild 2). Gelegentlich scheint der Effekt gestört zu werden. Dies kann ganz allgemein — auch für die anderen Materialien — gesagt werden. Es kann dies durch Materialfehler hervorgerufen werden, deren Wirkung sich überlagert, oder der Diffusionsvorgang verläuft nicht gleichmäßig genug (s. unten). Aus denselben Gründen ist die Größe des H_2S-Effektes, definiert als $\Delta\delta$, auch Schwankungen unterworfen. Dies zeigt Tabelle 2, die die Differenz der Gesamtdehnung bei PVC-E I nach 4100 h in % der Ausgangslänge bei polierter Oberfläche angibt.

Ergänzt werden müssen die früheren Resultate durch eine Betrachtung des Verlaufes der Dehnungskurven

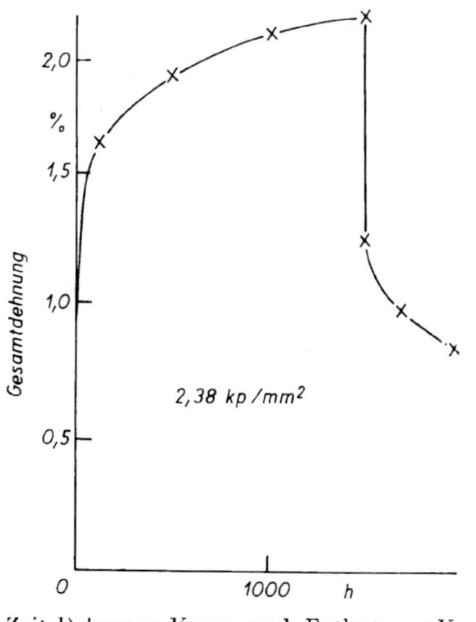

Bild 1. Zeit-Dehnungs-Kurve und Entlastungs-Kurve von PVC-Suspensionspolymerisat bei 30 °C

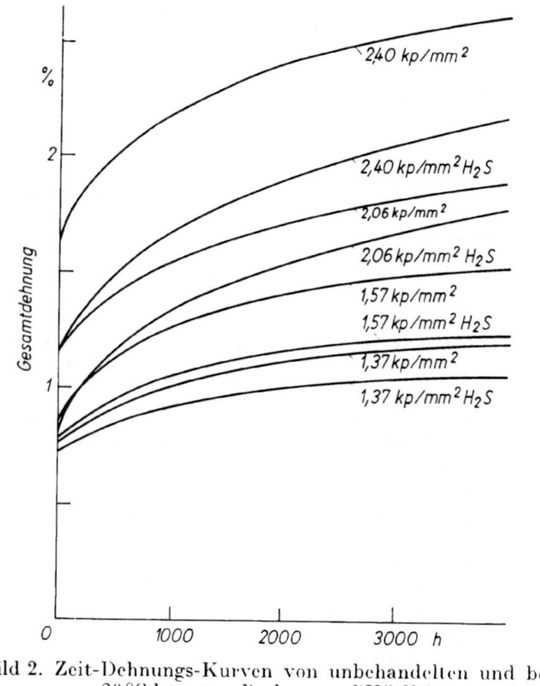

Bild 2. Zeit-Dehnungs-Kurven von unbehandelten und bei 20 °C begasten Proben aus PVC-E I

Tabelle 2. Dehnungsunterschiede $\Delta\delta$ zwischen begastem und unbegastem PVC-E I *nach 4100 h*

Belastung [kp/mm²]	$\Delta\delta$ [% abs.]
1,37	0,18
1,57	0,32
1,76	0,18
2,06	0,07
2,25	0,13
2,40	0,37

im einzelnen. Es zeigt sich einmal, daß außer den meist vorkommenden Normalfällen (Bild 2), in denen die Dehnungskurven bei verschiedenen Behandlungen und Belastungen mit der Zeit auseinanderstreben, auch solche vorkommen, bei denen die Kurven der nichtbehandelten und der mit Schwefelwasserstoff behandelten Proben gleichsinnig verlaufen. In diesen Fällen sind die Kriechgeschwindigkeiten zu jedem Zeitpunkt gleich, und der Unterschied der Dehnungen resultiert nur aus dem Unterschied der Anfangsdehnung (s. z. B. Bild 4, 0,30 kp/mm²).

Schließlich gibt es auch Kurvenpaare von behandeltem und nicht behandeltem Material, bei denen im späteren Verlauf die Kurven aufeinander zulaufen. Der letztere Fall ist nur neuerdings und auch (z. B. 2,06 kp/mm²) nur viermal bei insgesamt etwa 16 Kurvenpaaren festgestellt worden. Etwa in demselben Ausmaß kommt dies auch bei zwei gleich behandelten Proben gelegentlich vor, so daß man dieser Erscheinung zunächst keine grundsätzliche Wichtigkeit für den H_2S-Effekt zuzuschreiben braucht.

Von Bedeutung erscheint neuerdings auch die genaue Analyse der Anfangsdehnungen. In Bild 3 sind die Anfangsdehnungen in den ersten 20 h aufgezeichnet, die zu Gesamtkurven des Bildes 2 gehören. Aus einzelnen Bestimmungen der gewöhnlichen *Zug*festigkeit an behandelten und unbehandelten Proben, bei denen kein deutlicher Effekt der H_2S-Behandlung festzustellen war, war früher geschlossen worden, daß die plastische Anfangsdehnung nicht von großem Interesse wäre, solange bis der Kriechvorgang sich eingestellt hat. Die jetzige Analyse der Anfangsteile der Dehnungskurven hat nun ergeben, daß in *allen* eine Verminderung der Anfangsdehnung durch die H_2S-Behandlung stattfindet, so wie dies Bild 3 für einen Einzelfall zeigt. Es muß deshalb angenommen werden, daß die H_2S-Behandlung auch die Zugfestigkeit, Härte usw. beeinflussen kann, worüber eine andere Untersuchung auch an schmelzflüssigen Polyamiden [11][1]) noch läuft. Wir

[1]) Hier ist auch bei Vergleichsversuchen eine Verbesserung der Zugfestigkeitswerte bei Behandlung mit H_2S-Wasser gefunden worden.

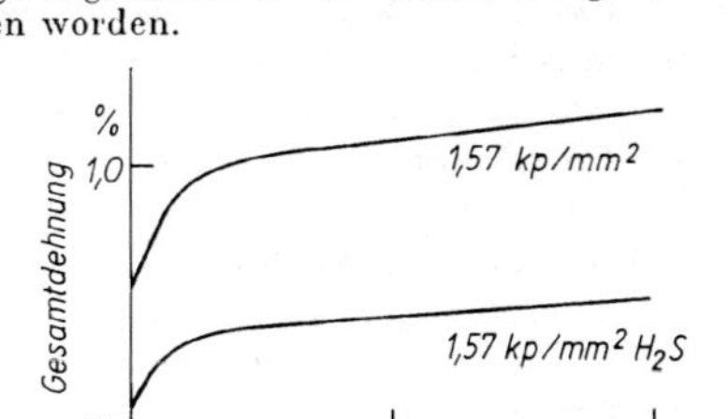

Bild 3. Anfangsdehnungen von PVC-E I in den ersten 20 h für eine begaste und eine unbehandelte Probe

Tabelle 3. Gesamtdehnung in % der Ausgangslänge in Abhängigkeit von der Begasungstemperatur nach 5000 h
a) 1,60 kp/mm²; b) 2,00 kp/mm²

Begasungs-temperatur	Proben-zahl	Bereich der Gesamtdehnung [%]	Mittelwert Gesamtdehnung [%]
a) unbegast	3	1,52...1,58	1,56
20 °C	3	1,18...1,38	1,30
60 °C	3	1,10...1,12	1,11
b) unbegast	2	2,12...2,16	2,14
20 °C	3	1,92...2,00	1,96
60 °C	3	1,22...1,54	1,42

hatten oben gesehen, daß der H_2S-Effekt öfter *nur* durch die Anfangsdehnungen verursacht wird, bei später gleicher Kriechgeschwindigkeit. Auch dies läßt darauf schließen, daß auch die gewöhnliche statische Festigkeit durch H_2S-Behandlung vergrößert wird.

Der Einfluß der Begasungstemperatur auf die Größe des H_2S-Effektes wurde durch Gegenüberstellung der Gesamtdehnung von PVC-E II bei 20 und 60 °C (Begasungstemperatur) festgestellt. In einer Versuchsreihe war der Effekt insgesamt nicht sehr deutlich. In zwei anderen Reihen ist deutlich die größere Wirkung der höheren Begasungstemperatur erkennbar (Tabelle 3).

Rolle der Oberflächenschicht bei mechanischer Beanspruchung behandelter Proben. Bei *technischen Oberflächen* ist der H_2S-Effekt sehr viel größer als bei geglätteten Oberflächen. Er beträgt bei PVC-E I bei 2,40 kp/mm² Belastung 0,60% abs. nach 1700 h. Die erzielten Absolutwerte der Dehnungen sind aber größer als bei geglätteten Proben, wahrscheinlich durch Kerbwirkung, wie schon in 2.1 erwähnt.

Durch die Behandlung mit Schwefelwasserstoff entsteht, wie die chemische Untersuchung zeigt, eine Anreicherung von Schwefel in der Oberflächenschicht. Entfernt man die Schicht wieder, verschwindet auch der Einfluß der H_2S-Begasung auf die mechanischen Eigenschaften. Dies konnte an PVC-E-Rundmaterial gezeigt werden. Die unbehandelten Proben zeigten nach 2800 h Dehnungen von 1,14 bis 1,28%, die begasten Proben von 0,94 bis 1,04%, die Proben mit entfernter Oberfläche 1,46 bis 1,54%. Die Belastung betrug 2,00 kp/mm².

Die *Temperaturabhängigkeit der Kriechgeschwindigkeiten* wurde nicht systematisch untersucht, sondern äußerte sich nur einmal, als sich zufällig eine höhere Temperatur im Versuchsraum einstellte. Sämtliche Kriechgeschwindigkeiten stiegen, wie für einen Thermoplasten nicht anders zu erwarten, bei 25 °C an. Gelegentlich früher aufgefundene andere Temperatureinflüsse sind vorläufig auf andere zweite Faktoren zurückzuführen.

S-Material. Einige Proben des dem Augenschein nach ganz homogenen Materials wurden bei 20 °C mit Schwefelwasserstoff begast. Eine Verbesserung der Zeitstandfestigkeit durch die Begasung konnte in dem ersten Versuch bei einer Belastung von 2,00 kp/mm² nicht festgestellt werden. Bei einer Belastung von 2,50 kp/mm² erreichten nach 2100 h die drei unbehandelten Proben eine Gesamtdehnung von 1,32% i. M., während die begasten Proben Dehnungswerte von 1,13% hatten (s. [2]).

Tabelle 4. Schwefelgehalt in vier Schichten

Schicht mm	Schwefelgehalt [%]					mittlerer Schwefelgehalt [%]
0,0...0,2	0,57	0,48	0,49	0,53	0,54	0,52
0,2...0,4	0,50	0,49	0,52	0,50	0,47	0,49
0,4...0,6	0,37	0,38	0,40	0,35	0,36	0,37
0,6...0,8	0,29	0,32	0,27	0,25	0,24	0,27
unbegast	10 Proben		0,25...0,31			0,28

2.3. Chemische Untersuchung, insbesondere der Oberflächenschichten

Proben von PVC-E wurden wie beschrieben mit Schwefelwasserstoff behandelt. Von diesen Proben wurden vier Schichten von jeweils etwa 0,2 mm Dicke entfernt. Jede der Schichten wurde auf ihren Schwefelgehalt untersucht. Der mittlere Schwefelgehalt wurde aus jeweils fünf Bestimmungen ermittelt, die in Tabelle 4 aufgeführt sind.

Die Ergebnisse zeigten, daß der Schwefelgehalt der mit Schwefelwasserstoff behandelten Proben mit der Eindringtiefe abnimmt. Die Eindringtiefe des Gases betrug unter den beschriebenen Bedingungen bei 20 °C etwa 0,7 mm.

2.3.1. PVC-E-Späne bei Zimmertemperatur begast

Um die Höhe der möglichen Schwefelaufnahme an der Oberfläche festzustellen, wurden feine Späne bei Zimmertemperatur wie beschrieben mit Schwefelwasserstoff behandelt. Der Mittelwert des Schwefelgehaltes wurde aus zehn Bestimmungen zu 0,73% ermittelt.

2.3.2. PVC-E bei 60 °C begast

Um den Einfluß einer erhöhten Begasungstemperatur auf die Höhe des Schwefelgehaltes an der Oberfläche der Proben festzustellen, wurden PVC-Späne bei 60 °C der Schwefelwasserstoffbehandlung unterworfen. Der Schwefelgehalt wurde zu 0,75 bis 0,90% ermittelt. Der Mittelwert aus zehn Bestimmungen betrug 0,84%. Daraus geht hervor, daß die höhere Begasungstemperatur zu einer größeren Schwefelaufnahme führt.

2.3.4. PVC-S-Späne bei Zimmertemperatur begast

Bei den Analysen des PVC-S im Anlieferungszustand wurde kein Schwefel gefunden. Späne des Materials wurden bei 20 °C mit Schwefelwasserstoff behandelt (und anschließend auf Schwefel untersucht). Der Mittelwert aus zehn Bestimmungen betrug 0,45% Schwefel. Die Einzelwerte schwankten zwischen 0,40 und 0,50%.

Daraus geht hervor, daß das PVC-S etwa die gleiche Menge Schwefel bei Zimmertemperatur aufnimmt wie das PVC-E.

2.4. Zeitstandverhalten von nachchloriertem PVC

Es wurden zwei unbehandelte und zwei bei 20 °C begaste Proben mit einer Belastung von 1,86 kp/mm² 1400 h geprüft. Danach hatten die unbehandelten Proben Dehnungswerte von 0,78 und 0,82% und die begasten Proben 0,78 und 0,80%. Man kann von einem Unterschied zwischen begasten und unbegasten Proben, also von einer Verfestigung des Materials, einer Verminderung des Kriechens nicht sprechen.

2.5. Zur Deutung des Schwefelwasserstoff-Effektes bei Polyvinylchlorid

Es ergibt sich nun die Frage, in welcher Bindungsform bzw. in welcher Anordnung der die Festigkeit steigernde Schwefel vorliegt.

Nach *A. Hartmann* [12], *B. Baum* und *L. H. Wartmann* [13] bilden sich durch die Abspaltung von HCl bei der Heißverarbeitung von PVC konjugierte Doppelbindungen aus. Um der Abspaltung von HCl bei der Verarbeitung von PVC entgegen zu wirken, werden vor der Verarbeitung sogenannte Stabilisatoren zugesetzt.

A. Rieche, A. Grimm und *H. Mücke* [14] haben sowohl die thermische als auch die oxydative Abspaltung von HCl gemessen und auf die sich bildenden Doppelbindungen hingewiesen.

Der bei der Begasung in das Material eindiffundierende H_2S könnte nun nach unserer Auffassung die in allen PVC-Polymerisaten vorhandenen Doppelbindungen beeinflussen. Es könnten sich S- oder SH-Brücken bilden, die die Festigkeitseigenschaften verbessern.

Im einzelnen wird die Härte bzw. die Festigkeit auf folgende Erscheinung zurückgeführt:

Polyvinylchlorid besteht aus Fadenmolekülen. Sie sind regellos knäuelartig angeordnet. Von zwei benachbarten Fadenmolekülen können Atome oder Moleküle sich auf 4 bis 5 Å nähern und dabei durch Nebenvalenzkräfte mit Bindungsenergien von 7 kcal/Mol zusammengehalten werden [15].

Diese starken permanenten Bindungen zwischen den Molekülketten von Hart-PVC im Temperaturbereich unter 80 °C werden auch von *Niklas* [17] beschrieben. Er gibt für die Näherungsfolge der Dipole einen Abstand von 3 Å an. Das Assoziat von zwei C/Cl-Dipolen benachbarter Ketten wird als Haftpunkt oder Quadropol bezeichnet.

Diese intermolekularen Kräfte sind auf Dipolwechselwirkungen zwischen geeignet gelagerten polaren Gruppen in den Nachbarmolekülen zurückzuführen [16].

Es wird also angenommen, daß sich die wahrscheinlich sich bildenden S- oder SH-Brücken in der oben beschriebenen Art an einer Querverknüpfung der einzelnen Molekülketten beteiligen und durch festere Bindungskräfte zwischen den Molekülketten ein Abgleiten derselben voneinander vermindern und zu höherer Festigkeit des begasten Polyvinylchlorids führen.

Bei den verschiedenen Methoden des Nachchlorierens von PVC wird der Chlorgehalt erhöht. Etwa in jedem Grundmolekül wird ein Wasserstoffatom gegen ein Chloratom ausgetauscht [18]. Man könnte wohl annehmen, daß die Zahl der Doppelbindungen dabei geringer wird. Man muß nun erwarten, daß bei nachchloriertem PVC der H_2S-Effekt nicht mehr auftreten kann, was auch tatsächlich beobachtet wurde.

Schließlich ist auch zumindest ein Mitwirken von Bleistabilisatoren, die im nachchlorierten PVC enthalten waren, in dem Sinne denkbar, daß von dem eindiffundierenden H_2S erhebliche Mengen durch Bleisulfidbildung der Einlagerung in die Kettenmoleküle verlorengingen.

3. Ergebnisse über das Zeitstandverhalten von Hochdruckpolyäthylen

3.1. Hochdruckpolyäthylen-Rohre

Von dem Rohrmaterial wurde nur ein Orientierungsversuch mit je einer begasten und einer unbegasten Probe durchgeführt. Das Material wurde nicht poliert, weil die Oberfläche der Rohre sehr glatt war. Für eine Belastung von 0,32 kp/mm² erreichte die unbegaste Probe nach 2300 h Dehnungswerte von 6,18%, die begaste Probe von 5,26%. Die Dehnungswerte für Proben mit einer Belastung von 0,33 kp/mm² lagen bei 6,90% für die unbehandelte Probe und bei 6,04% für die begaste Probe. Die Kriechgeschwindigkeiten sind allgemein sehr groß, zeigen aber doch wenigstens eine starke Tendenz zum Abklingen.

3.2. Hochdruckpolyäthylen-Platten

Für weitere Versuche mit Hochdruckpolyäthylen wurde Plattenmaterial verschiedener Zusammensetzung geprüft.

Die Zeitstandfestigkeit von unbehandelten und begasten Proben der Materialen 1312 und 3300 wurde mit drei verschiedenen Belastungen für 9400 h geprüft (Bild 4).

Die zwei Hochdruckpolyäthylen-Sorten hatten für alle geprüften Belastungen einen niedrigeren Dehnungswert für die begasten Proben gegenüber den unbehandelten Proben. Trotz der sehr hohen Gesamtdehnungen ist überwiegend eine starke Abnahme der Kriechgeschwindigkeiten mit der Zeit festzustellen.

Auch bei Material 1310 ist der Effekt wieder deutlich. Die entsprechenden Werte sind nach 9400 h:

0,28	0,28 H_2S	0,40	0,40 H_2S	kp/mm² Belastung
5,10	3,92	9,68	7,80	% Dehnung

3.3. Deutung des H_2S-Effektes bei Hochdruckpolyäthylen

Hochdruckpolyäthylene enthalten nach *Smith* [19] etwa 20 bis 30 CH_3-Gruppen je 1000 C-Atome. Mit Hilfe ultrarotspektroskopischer Untersuchungen konnten im Polyäthylen ebenfalls C=C-Gruppen gefunden werden [20]. Im Hochdruckpolyäthylen finden sich Vinylidengruppen vorherrschend als seitenständige oder endständige verzweigte Doppelbindungen $R_1R_2C=CH_2$.

Es ist möglich, daß beim Begasen von Hochdruckpolyäthylen mit Schwefelwasserstoff der Schwefel die vorhandenen Doppelbindungen beeinflußt und es zu einer Brückenbildung kommt, ähnlich wie sie auch bei Polyvinylchlorid angenommen wird.

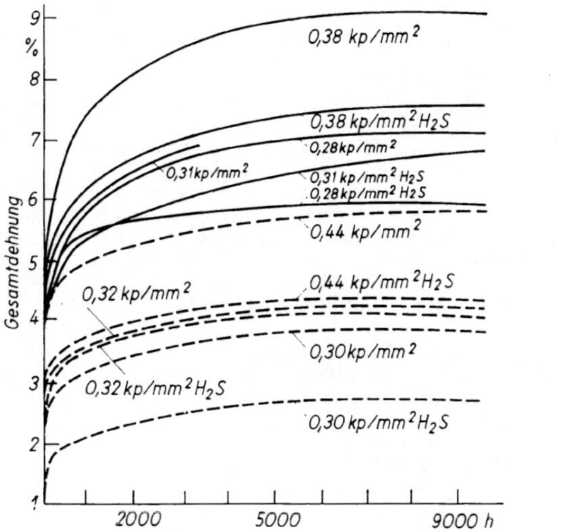

Bild 4. Zeit-Dehnungs-Kurven von unbehandelten und bei 20 °C mit H_2S begasten Proben aus Hochdruckpolyäthylen
——— Material 1312
- - - - Material 3300

4. Ergebnisse über das Zeitstandverhalten von Polyamid-11

Die Zeit-Dehnungs-Kurven (Bild 5) für ungetempertes Polyamid-11 zeigen einen nichtmonotonen Verlauf. Polyamide nehmen aus ihrer Umgebung Wasser auf, sie quellen. Diese Quellung führt zu unterschiedlichen Dehnungswerten je nach dem Feuchtigkeitsgehalt der Luft. Die relative Luftfeuchtigkeit wurde während des Versuches zwischen 30 und 70% gemessen.

Trotz dieses hier großen Nebeneinflusses ist die starke Einwirkung des H_2S, wie schon in [4] gefunden, unverkennbar. Hingewiesen werden muß auf das Abweichen von der gewöhnlichen Regel, daß auch bei dem H_2S-behandelten Material der stärkeren Belastung die höhere Dehnung entspricht. Es werden hier mehrere Faktoren zusammenwirken.

Der starke Einfluß der Feuchtigkeit auf die Zeitstandfestigkeit als ein zweiter Faktor läßt es geboten erscheinen, auf weitere Faktoren hinzuweisen, die früher [2] schon kurz genannt sind, über die aber noch nichts im einzelnen in der Mitteilung [2] gesagt ist.

Dies ist vor allem der Ordnungszustand, der durch Temperung des Materials geändert werden kann. Die Feststellung einer höheren Ordnung, z. B. durch Temperung während 71 h bei 200 bis 205 °C, ergab eine

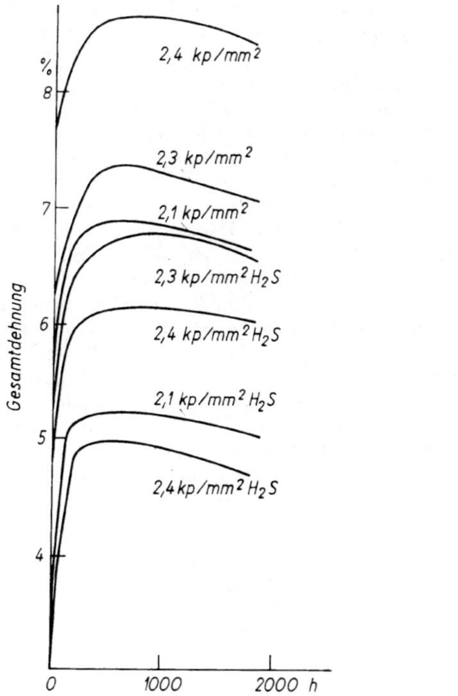

Bild 5. Zeit-Dehnungs-Kurven von unbehandelten und bei 20 °C mit H_2S begasten Proben aus Polyamid-11

Erhöhung der Schmelzwärmen von 20,27 cal/g auf 24,61 cal/g als größte erzielte Änderung. Dasselbe Material zeigte sehr scharfe *Debye/Scherrer*-Linien, während der ungetemperte Vergleichsstab nur sehr diffuse Ringe ergab. In einem anderen Versuch unter ähnlichen Bedingungen wurde dabei die Langzeitdehnung nach 3000 h bei einer Belastung von 2,36 kp/mm² von 21 auf 7% heruntergesetzt. Auch in diesen Zahlen kann naturgemäß gleichzeitig ein Feuchtigkeitseinfluß stecken. Nähere Ergebnisse siehe Dissertation *M.-J. Krahnstöver* [4].

5. *Zusammenfassung*

Zur Klärung der Verbesserung des Zeitstandverhaltens von mit Schwefelwasserstoff begasten Hochpolymeren wurden Zeitstanduntersuchungen zunächst an *vier Polyvinylchloridsorten* im Anlieferungszustand und nach der Behandlung mit Schwefelwasserstoff bei 20 und 60 °C durchgeführt.

Die mit Schwefelwasserstoff behandelten Proben wiesen eine geringere Gesamtdehnung als die unbehandelten Proben bei gleichen Versuchsbedingungen auf.

Bei höherer Begasungstemperatur (60 °C) nimmt die Größe des H_2S-Effektes zu.

Der Effekt an kompaktem Polyvinylchlorid wurde als eine Oberflächenerscheinung erkannt, da die Proben, denen die mit Schwefel angereicherte Oberflächenschicht 1 mm entfernt worden war, gegenüber unbehandelten Proben keine verminderte Kriechgeschwindigkeit mehr aufwiesen. Die Eindringtiefe reicht unter unseren Bedingungen bis zu 0,7 mm. Der S-Gehalt nimmt mit der Eindringtiefe ab.

Quantitative chemische Analysen ergaben, daß PVC-Emulsionspolymerisat und PVC-Suspensionspolymerisat als Späne bei der Behandlung mit Schwefelwasserstoff bei Zimmertemperatur die gleiche Menge Schwefel (ca. 0,45%) aufnehmen.

Die mit Schwefelwasserstoff behandelten Proben aus nachchloriertem PVC zeigten keine verminderte Kriechgeschwindigkeit gegenüber unbehandelten Proben.

Weiterhin wurden *vier Hochdruckpolyäthylensorten* im Anlieferungszustand und nach der Behandlung mit Schwefelwasserstoff bei 20 °C geprüft. Bei gleichen Versuchsbedingungen wiesen die mit Schwefelwasserstoff behandelten Proben niedrigere Dehnungswerte als die unbehandelten Proben auf.

Bei einem *Polyamid-II* wurde bei den mit Schwefelwasserstoff behandelten Proben ebenfalls der H_2S-Effekt festgestellt. Bei diesem Versuch machten sich Schwankungen der Luftfeuchtigkeit stark bemerkbar.

Es wird angenommen, daß der Schwefelwasserstoff bei der Begasung vor allem die in dem jeweiligen Material etwa vorhandenen Doppelbindungen beeinflußt und sich Querverknüpfungen zwischen den Molekülketten bilden, die zu einer Verfestigung des Materials führen können.

Eine Diskussion der Einzelheiten des Verlaufes der Kriechkurven bei PVC hat ergeben, daß auch eine Verbesserung der Zugfestigkeit und der Härte durch eine Behandlung mit H_2S zu erwarten ist.

Literatur

[1] *Krahnstöver, M.-J.*, und *Sauerwald, F.:* Verfahren zur Erhöhung der Dauerstandfestigkeit von Erzeugnissen aus Polyvinylchlorid. DWP 19875 v. 27. 9. 58.

[2] *Krahnstöver, M.-J.*, und *Sauerwald, F.:* Über die Dauerstandfestigkeit von Polyvinylchlorid und Polyamid und ihre Abhängigkeit von der Struktur. Z. Elektrochemie / Ber. Bunsenges. physik. Chemie **63** (1959) S. 1006.

[3] *Krahnstöver, M.-J.*, und *Sauerwald, F.:* Über die Verbesserung der Dauerstandfestigkeit von PVC durch Behandlung mit Schwefelwasserstoff. J. prakt. Chemie 8 (1959) 5/6, S. 353–361.

[4] *Krahnstöver, M.-J.:* Über die Dauerstandfestigkeit von Polyvinylchlorid und Polyamid und ihre Abhängigkeit von der Struktur. Dissertation Halle/S. 1959.

[5] *Mädicke, A.:* Neue Versuche über den Einfluß von Schwefelwasserstoff auf das Zeitstandverhalten von Hochpolymeren, insbesondere von Polyvinylchlorid und Hochdruckpolyäthylen. Dissertation Halle/S. 1967.

[6] *Klare, H.*, *Fritzsche, E.*, und *Gröbe, V.:* Synthetische Fasern aus Polyamiden. Technologie und Chemie. Berlin: Akademie-Verlag 1963. S. 25, S. 47. *W. Griehl* u. a. und *R. Hill* u. a.

[7] *Smolnikova, L. G.*, *Konkin, A. A.*, und *Makarevič, N. I.:* Vernetzung von Kapronfasern durch Schwefelmonochloridlösungen. Chem. Volokna (1966) 1, S. 26–29; dt. in Sowj. Beitr. Faserforsch. Textiltechnik **3** (1966) 5, S. 246–249.

[8] *Houben/Weyl:* Methoden der organischen Chemie, Bd. II, 4. Auflage. Stuttgart: Thieme 1953.

[9] *Giesselmann, G.*, und *Hagedorn, I.:* Mikroanalytische Bestimmung von Chlor (Brom) und Schwefel in organischen Verbindungen in einer Einwaage. Mikrochimica Acta, Wien (1956) S. 390.

[10] *Schöniger, W.:* Die mikroanalytische Schnellbestimmung von Halogen und Schwefel in organischen Verbindungen. Mikrochimica Acta, Wien (1956) S. 869.

[11] *Sauerwald, F.*, und *Schmidt, R.:* Die Beeinflussung der Eigenschaften von Polyamid durch Behandlung der Schmelze mit H_2S. Wiss. Z. Univ. Halle Math. Nat. Reihe XVI (1967) S. 668.

[12] *Hartmann, A.:* Über die Abspaltung von HCl aus PVC bei erhöhter Temperatur. Kolloid-Z. **139** (1954) 3, S. 146–150; Über die katalytische Beschleunigung der thermischen HCl-Abspaltung aus PVC. Kolloid-Z. **149** (1956) 2/3, S. 67–72.

[13] *Baum, B.*, und *Wartmann, L. H.:* Structure and mechanism of dehydrochlorination of polyvinyl-chloride. J. Polymer. Sci. **28** (1958) S. 537–546.

[14] *Rieche, A.*, *Grimm, A.*, und *Mücke, H.:* Untersuchungen über die Stabilität von Suspensionspolymerisat PVC. 1. Mitt.: Die thermische und oxydative Chlorwasserstoff-Abspaltung. Kunststoffe **52** (1962) S. 265–268; 2. Mitt. Der Einfluß von Fremdstoffen und Stabilisatoren auf die Chlorwasserstoff-Abspaltung von PVC beim Erhitzen. Kunststoffe **52** (1962) S. 398–400.

[15] *Krekeler/Wick:* Kunststoff-Handbuch Bd. II. Polyvinylchlorid. München: Hanser.

[16] *Houwink, R.*, und *Staverman, A. J.:* Chemie und Technologie der Kunststoffe. Leipzig: Akademische Verlagsges. 1962.

[17] *Niklas, H.:* Molekularstruktur und mechanische Eigenschaften von PVC. I. Die Natur der Glasumwandlung des PVC und verwandter Substanzen. Kunststoffe **53** (1963) S. 158–162. II. Über das molekulare Modell des Kriechens von PVC. Kunststoffe **53** (1963) S. 839 bis 844.

[18] *Kainer, F.:* Polyvinylchlorid und Vinylchlorid-Mischpolymerisate. Berlin: Springer 1951.

[19] *Smith, D. C.:* Molecular structure of Marlex polymers. Ind. engng. Chem. **48** (1956) 7, S. 1161–1164.

[20] *Fox, J. J.*, und *Martin, A. E.:* Untersuchungen über Infrarotspektren. Bestimmung der C–H-Frequenzen (~3000 cm⁻¹) von Paraffinen und Olefinen mit einigen Bemerkungen über „Polythene". Proc. Roy. Soc., London **A 175** (1940) S. 208–233.

Eingegangen am 20. April 1968

Faserforschung und Textiltechnik 19 (1968) Heft 9

Zur Problematik der Herstellung von Chemiefaserstoffen aus Polymerlegierungen

2. Mitt.: Herstellung und Eigenschaften von Fasern aus einer Kombination von Polyacrylnitril und Celluloseacetat[1]

Wolfgang Meißner, Werner Berger[2]) *und Helmut Hoffmann*

Mitteilung aus der Direktion Forschung und Entwicklung des VEB Chemiefaserwerk „Friedrich Engels", Premnitz

DK 677−169:677.494.745.32:677.464:677.4.021.5.001.57:66.062.855.5:677.4.061.7

Aufbauend auf Untersuchungen über die Verträglichkeit von Polyacrylnitril und senkundärem Celluloseacetat in Dimethylformamid als gemeinsamem Lösungsmittel, wurden aus Lösungen beider Komponenten im Versuchsmaßstab Fasern hergestellt und deren Eigenschaften in Abhängigkeit vom Mischungsverhältnis ermittelt. Dabei konnte gezeigt werden, daß unter bestimmten Bedingungen auch aus Mischungen unverträglicher Polymerer Fasern mit guten textilphysikalischen Eigenschaften erhältlich sind.

К проблематике получения химических волокон из сплавов полимеров
Сообщ. 2-е Получение и свойства волокон из комбинации полиакрилонитрила с ацетатом целлюлозы

Исходя из результатов исследований о совместимости полиакрилонитрила со вторичным ацетатом целлюлозы в диметилформамиде в качестве общего растворителя в лабораторном масштабе сформованы волокна из растворов смеси обоих компонентов и изучены свойства полученных волокон в зависимости от соотношения компонентов. При этом показано, что в определенных условиях возможно формование волокон с хорошими физико-механическими свойствами даже из смесей несовместимых полимеров.

Problems in Producing Man-made Fibres from Polymer Alloys.
2nd Comm.: Preparation and Properties of Fibres Obtained from Polyacrylonitrile-Cellulose Acetate Combinations

Based on investigations of the compatibility of polyacrylonitrile with secondary cellulose acetate in dimethyl formamide as a common solvent, the solutions of both the components were spun to fibres on experimental scale and the effect of the component ratio on the fibre properties was examined. It was found that mixtures of incompatible polymers, if applied under selected conditions, also result in fibres having satisfactory textile properties.

1. Problemstellung und Ziel der Arbeit

Bei der Herstellung von Chemiefaserstoffen gewinnt die Modifizierung der Eigenschaften bekannter und bereits großtechnisch produzierter Faserstoffe gegenüber Neuentwicklungen auf der Basis von bisher unbekannten Polymeren wachsende Bedeutung. Eine Möglichkeit der Modifizierung bildet die Herstellung von Faserstoffen aus Polymerlegierungen, insbesondere aus Polymermischungen, worüber bereits berichtet worden ist [1].

Zu den ersten, aus einer Mischung von Polymeren erhaltenen Faserstoffen gehören solche aus einer Kombination von Polyacrylnitril/Celluloseacetat. Bei ihrer Herstellung ging man von dem Gedanken aus, durch Mischung einer hydrophilen Komponente in molekularen Bereichen eine Verminderung der statischen Aufladung ersterer zu erreichen und gleichzeitig deren Anfärbbarkeit zu verbessern [2 bis 9]. Im Zusammenhang damit, zum Teil aber auch unabhängig von diesen Arbeiten, sind zahlreiche Patentschriften veröffentlicht worden, in denen die Herstellung von Faserstoffen aus Gemischen von Polyacrylnitril bzw. Acrylnitrilcopolymerisaten mit Celluloseacetat in einem gemeinsamen Lösungsmittel geschützt wird [10 bis 14]. In der Mehrzahl der Fälle wurde dabei nach dem Naßspinnverfahren [3, 6, 10 bis 13], seltener nach dem Trockenspinnverfahren [2, 8, 11] gearbeitet und als Lösungsmittel vorwiegend Dimethylformamid [2, 3, 6, 11, 14] oder Dimethylsulfoxid [12, 14], in einigen Fällen auch wäßrige Lösungen anorganischer Salze [13] eingesetzt; als Fällbad dienten Dimethylformamid/Wasser- [3, 6] bzw. Dimethylsulfoxid/Wasser-Gemische [12], mehrwertige Alkohole (11] oder auch Salzlösungen [13]. Die erhaltenen Fasern zeigten gegenüber den aus reinem Polyacrylnitril hergestellten eine geringere Reißfestigkeit [2, 6, 11] und gleichbleibende [6] bzw. ebenfalls verminderte Bruchdehnung [2]. In einer neueren Arbeit wurde festgestellt, daß die Gegenwart geringer Mengen Celluloseacetat das Wachstum übermolekularer Gebilde begünstigt und infolgedessen eine Verschlechterung der mechanischen Eigenschaften bewirkt [30]. Von anderen Autoren wurde die beobachtete Eigenschaftsverschlechterung auf eine geringe Verträglichkeit der Komponenten zurückgeführt und zur Erhöhung der Verträglichkeit, und damit einer Optimierung der Fasereigenschaften, vorgeschlagen, die Polymeren durch peroxydisch [15 bis 19] oder anionisch initiierte [20] Pfropfpolymerisation von PAN auf Celluloseacetat miteinander zu kombinieren. Anhand von elektronenmikroskopischen Querschnittsaufnahmen konnte gezeigt werden, daß das Pfropfpolymerisat gegenüber dem einfachen Gemisch tatsächlich eine größere Homogenität besitzt [15].

Bei dem durch peroxydische Initiierung erhaltenen Pfropfpolymerisat von PAN auf Celluloseacetat handelt es sich, wie eingehende Untersuchungen ergaben, in Wirklichkeit um ein Gemisch von ca. 20% Celluloseacetat, 30% PAN und 50% eigentlichem Pfropfpolymerisat [21]. Bei der anionisch initiierten Pfropfcopolymerisation in Dimethylformamid oder Dimethylsulfoxid betrug der Pfropfungsgrad des Acrylnitrils, wegen der hohen Kettenübertragung durch das Monomere, lediglich 1,5 bis 5,3% [20].

Die rheologische Untersuchung konzentrierter Lösungen von Polyacrylnitril sowie Celluloseacetat im Vergleich zu denen des Pfropfpolymerisates ergab, daß diese bei niedrigen Schubspannungen wesentlich, bei hohen Schubspannungen nur wenig höhere Viskosität als die der linearen Polymeren zeigen, was mit einem Orientierungseffekt der PAN-Seitenketten unter dem Spannungseinfluß erklärt wird [22]. Auch das Viskositätsverhalten von PAN/Celluloseacetat-Gemischen in Dimethylformamid ist untersucht worden [23], ferner der Einfluß der Spinn- und Nachbehandlungsbedingungen von aus PAN/Celluloseacetat-Mischungen in Dimethylformamid erhaltenen Fasern auf die textilphysikalischen Eigenschaften [24]. Die Unverträglichkeit des Systems PAN/Celluloseacetat wurde zur Herstellung leicht fibril-

[1]) Die Arbeit wurde unter Verwendung von Ergebnissen der Dissertation von *W. Meißner* (Moskauer Textilinstitut; Betreuer: Prof. *A. A. Konkin*) zusammengestellt. 1. Mitt. s. [1].

[2]) Jetzt: Technische Universität Dresden, Institut für Textilchemie.

lierender, hervorragend zur Papiererzeugung geeigneter Fasern ausgenutzt [25].

Grundlegende Arbeiten über die Verträglichkeit des Systems Polyacrylnitril/Celluloseacetat liegen, obwohl sie für den Verlauf des Spinnprozesses sowie die Beeinflussung der Fasereigenschaften eine erhebliche Bedeutung besitzen, bisher nicht vor. Es finden sich lediglich einige Hinweise über die zunehmende Stabilität gemeinsamer Lösungen beider Komponenten mit steigendem Feststoffgehalt, so daß sich konzentrierte Lösungen ohne Schwierigkeiten spinnen lassen [2, 23]. Das Ziel der vorliegenden Arbeit war es daher, ausgehend von einer Charakterisierung der Verträglichkeit von Polyacrylnitril und Celluloseacetat in einem gemeinsamen Lösungsmittel in Abhängigkeit vom Mischungsverhältnis, Zusammenhänge zwischen Verträglichkeit der Komponenten und textilphysikalischen Eigenschaften der daraus hergestellten Fasern aufzuzeigen. Insbesondere galt es zu untersuchen, in welchem Maße sich die Eigenschaften der Polymerlegierung aus denen der Einzelkomponenten zusammensetzen und wie stark Verträglichkeit und Fasereigenschaften vom Molekulargewicht der Ausgangsstoffe beeinflußt werden.

2. *Experimenteller Teil*

2.1. Versuchsdurchführung

Als Ausgangsstoffe dienten mehrere Rein- und Copolymerisate des Acrylnitrils sowie Celluloseacetat (CA) mit drei verschiedenen Viskositätseinstellungen (Tabelle 1). Die hier mitgeteilten Ergebnisse beziehen sich allerdings vorwiegend auf Untersuchungen an Kombinationen aus PAN I/CA I und PAN I/CA II.

Die Mischungen wurden durch gemeinsames Suspendieren der Komponenten bei Raumtemperatur und anschließendes Lösen unter mäßigem Rühren bei 70 °C hergestellt. Von den erhaltenen Lösungen bestimmten wir die Viskosität bzw. zusätzlich die kinetische Stabilität. Gesponnen wurde nach dem Naßspinnverfahren in ein Fällbad aus Dimethylformamid/Wasser (Mischungsverhältnis = 50/50) bei 20 bis 22 °C, die Verstreckung erfolgte in zwei Stufen bei einer Badtemperatur von 95 bis 100 °C. Die für die Versuche verwendete Spinnapparatur entspricht im Prinzip der in [26] dargestellten. Bei den Spinnversuchen variierten wir außer der Konzentration und Zusammensetzung der Spinnlösungen noch den Verstreckungsgrad der frischgesponnenen Fäden und untersuchten auch den Einfluß des Alters der Lösungen auf Spinnbarkeit und Fasereigenschaften. Von den auf diese Weise erhaltenen, an der Luft getrockneten bzw. nach dem Trocknen durch 15 min Dämpfen bei 100 bis 105 °C thermorelaxierten Fasern ermittelten wir Reißfestigkeit, Bruchdehnung, Schlingenfestigkeit sowie Weißgrad und untersuchten ferner die Anfärbbarkeit.

2.2. Versuchsergebnisse

2.2.1. Bestimmung der Viskosität

Zur Charakterisierung der Verträglichkeit der Komponenten wurde von verschieden konzentrierten Lösungen die Viskosität in Abhängigkeit vom Mischungsverhältnis bestimmt und in Übereinstimmung mit [3, 27 bis 29] gegenüber den additiven Viskositäten abfallende Werte als Kriterium für Nichtverträglichkeit angesehen. Der Grad des Viskositätsabfalls stellt dabei ein gewisses Maß für die Höhe der Nichtverträglichkeit dar.

Die Viskosität verdünnter Lösungen von PAN I/CA I- und PAN I/CA II-Gemischen zeigt bis zu einer Konzentration von 1 g/dl keine Abweichung von den additiven Werten und weist damit auf eine Verträglichkeit der Komponenten in diesem Bereich hin (Bild 1a und 1b). Bei 4%igen Lösungen ist bereits eine Erniedrigung der gemessenen gegenüber den additiven Werten zu erkennen, wobei die Kombination PAN I/CA II zumindest im Bereich von > 30% PAN die stärkeren Abweichungen aufweist (Bild 2). Noch deutlicher treten diese Unterschiede beim Übergang auf 10%ige Lösungen hervor (Bild 3). Der Viskositätsverlauf 10- und 18%iger Lösungen ist, wie ein Vergleich der Bilder 3 und 4a zeigt, bei PAN I/CA I-Mischungen annähernd gleich. In 18%igen Lösungen von PAN I/CA II-Gemischen treten im Bereich niedrigen PAN- bzw. CA-Gehaltes Viskositätsextreme auf, die bei erhöhter Schubspannung oder höheren Temperaturen wieder verschwinden und das Vorhandensein leicht zerstörbarer Molekülassozia-

Tabelle 1. Übersicht über die bei den Versuchen verwendeten Polymeren und deren Charakteristik

Nr.	Polymeres	Kurzbezeichnung innerhalb der Arbeit	Charakteristik	
			η_{rel} (c = 0,5 g/dl in Dimethylformamid bei 20 °C)	sonstige Kennzeichen
1	Celluloseacetat	CA I	1,91	Cellulose-2,5-acetat mit 55...56% CH_3COOH
2	Celluloseacetat	CA II	2,43	dto.
3	Celluloseacetat	CA III	1,66	dto.
4	Acrylnitrilcopolymerisat	PAN I	2,22	Copolymerisat mit 7% Vinylacetat
5	Acrylnitrilcopolymerisat	PAN II	2,26	Copolymerisat mit 8% Vinylacetat und 2% Na-Methallylsulfonat
6	Acrylnitrilcopolymerisat	PAN III	2,13	Copolymerisat mit 4% Acrylsäuremethylester und 2% Na-Methallylsulfonat
7	Acrylnitrilcopolymerisat	PAN IV	2,14	Copolymerisat mit 7% Vinylacetat
8	Polyacrylnitril	PAN V	2,08	Reinpolymerisat

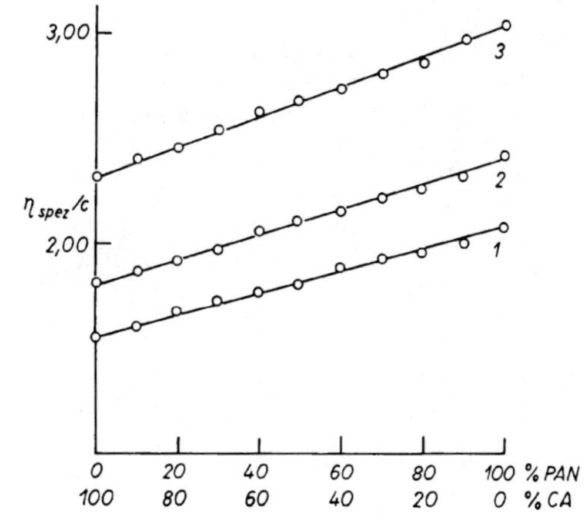

1a. Kombination PAN I/CA I

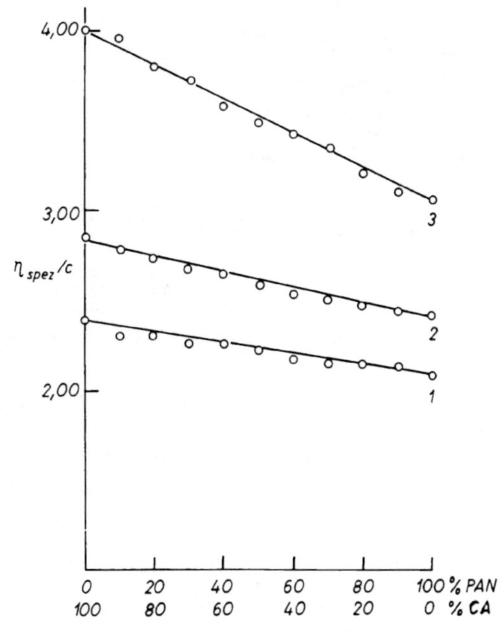

1b. Kombination PAN I/CA II

Bild 1. Viskosität verdünnter Lösungen von Polyacrylnitril und Celluloseacetat in Dimethylformamid in Abhängigkeit vom Mischungsverhältnis

Die Messungen wurden an einem *Ubbelohde*-Kapillarviskosimeter durchgeführt.

Kapillare: I
Temperatur: 20 °C
1: $c = 0{,}25$ g/dl; 2: $c = 0{,}5$ g/dl; 3: $c = 1{,}0$ g/dl

tionen andeuten (Bild 4b). Bei 80 °C ist die Viskosität von PAN I/CA II-Mischungen von der Zusammensetzung nahezu unabhängig.

2.2.2. Stabilität der Lösungen

Die bei den Viskositätsmessungen erhaltenen Resultate sowie eine bereits bei 10%igen Lösungen im Bereich der Mischungsverhältnisse PAN/CA gleich 70/30 bis 30/70 zu beobachtende schwache Trübung, die bei 16- und 18%igen Lösungen noch intensiver ist, ließen eine geringe Stabilität der Lösungen, d. h. eine rasche Phasentrennung erwarten. Auf die Geschwindigkeit

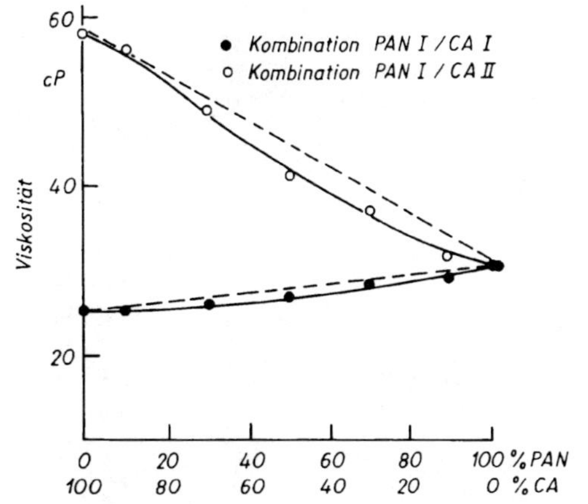

Bild 2. Viskosität 4%iger Lösungen von Polyacrylnitril und Celluloseacetat in Dimethylformamid in Abhängigkeit vom Mischungsverhältnis

Die Messungen wurden an einem *Höppler*-Rheoviskometer durchgeführt.

Meßbecher: 0,1 Belastung: 20 g/cm²
Temperatur: 20 °C
Strichlinie: additive Viskositätswerte

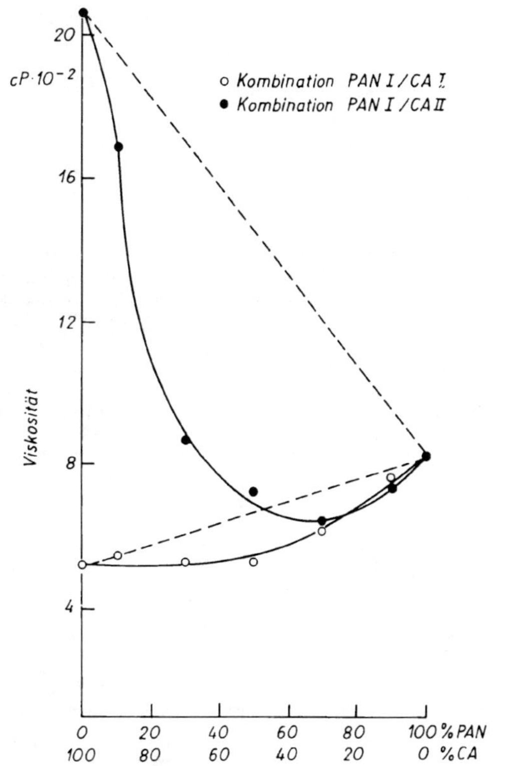

Bild 3. Viskosität 10%iger Lösungen von Polyacrylnitril und Celluloseacetat in Dimethylformamid in Abhängigkeit vom Mischungsverhältnis

Die Messungen wurden an einem *Höppler*-Rheoviskometer durchgeführt.

Meßbecher: 1 Belastung: 20 g/cm²
Temperatur: 20 °C
Strichlinie: additive Viskositätswerte

dieser Phasentrennung sowie die Einstellung des Phasengleichgewichtes sollte neben dem Mischungsverhältnis der Komponenten die Konzentration der

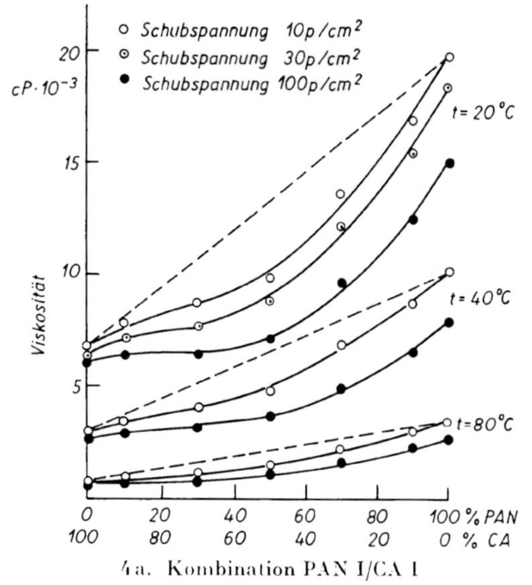

4 a. Kombination PAN I/CA I

Bild 4. Viskosität 18%iger Lösungen von Polyacrylnitril und Celluloseacetat in Dimethylformamid bei verschiedenen Temperaturen und Schubspannungen in Abhängigkeit vom Mischungsverhältnis

Die Messungen wurden an einem *Höppler*-Rheoviskometer durchgeführt.

Meßbecher: 1, 10 bzw. 100

Strichlinie: additive Viskositätswerte

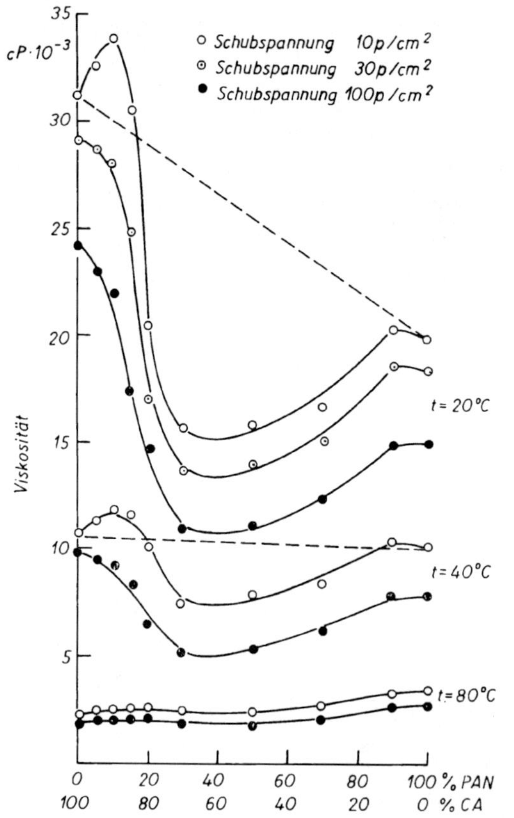

4 b. Kombination PAN I/CA II

Lösungen einen Einfluß haben. Diese Annahmen wurden, wie aus den Tabellen 2a und 2b hervorgeht, durch die Versuche im wesentlichen bestätigt.

Tabelle 2. Kinetische Stabilität 10- und 16%iger Lösungen von Kombinationen aus PAN/CA in Dimethylformamid bei Raumtemperatur

Tabelle 2a. Kombination PAN I/CA I

Mischungverhältnis PAN I/CA I	10%ige Lösungen			16%ige Lösungen		
	Beginn der Phasentrennung nach Tagen	Gleichgewichtseinstellung nach Tagen	Verhältnis der Schichten	Beginn der Phasentrennung nach Tagen	Gleichgewichtseinstellung nach Tagen	Verhältnis der Schichten
90/10	30	50	93:7	keine Veränderung nach dreimonatigem Stehen		
70/30	2	15	80:20	20	nach dreimonatigem Stehen noch keine Gleichgewichtseinstellung	
50/50	1	15	61:39	6	dto.	
30/70	1	15	36:64	8	dto.	
10/90	2	15	9:91	16	dto.	

Tabelle 2b. Kombination PAN I/CA II

Mischungverhältnis PAN I/CA II	10%ige Lösungen			16%ige Lösungen		
	Beginn der Phasentrennung nach Tagen	Gleichgewichtseinstellung nach Tagen	Verhältnis der Schichten	Beginn der Phasentrennung nach Tagen	Gleichgewichtseinstellung nach Tagen	Verhältnis der Schichten
90/10	35	50	95:5	keine Veränderung nach zweimonatigem Stehen		
70/30	3	25	78:22	30	nach zweimonatigem Stehen noch keine Gleichgewichtseinstellung	
50/50	1	20	68:32	3	dto.	
30/70	2	40	44:56	6	dto.	
10/90	10	25	10:90	keine Veränderung nach zweimonatigem Stehen		

In den Bereichen der größten Unverträglichkeit, d. h. Mischungsverhältnissen von PAN/CA gleich 50/50 bis 30/70, tritt bei 10- und 16%igen Lösungen übereinstimmend bereits nach wenigen Tagen Phasentrennung ein, die Einstellung des Gleichgewichtes ist jedoch bei den 16%igen Lösungen wegen der höheren Viskosität stark verzögert. Bei erhöhter Temperatur setzt infolge der geringeren Viskosität der Lösungen die Phasentrennung rascher ein, und es kommt auch eher zur Einstellung des Phasengleichgewichtes. Die Anwendung von Lösungsmittelgemischen wie Dimethylformamid/Cyclohexanon oder Dimethylformamid/Benzylalkohol (Mischungsverhältnis 95:5 bzw. 90:10), d. h. die Gegenwart von guten Lösern für CA und Nichtlösern für PAN, führt nicht nur zu keiner Erhöhung der Verträglichkeit von PAN/CA-Kombinationen, sondern beschleunigt vielmehr die Phasentrennung, wie orientierende Versuche ergeben haben.

Die Viskosität 4%iger Lösungen von PAN/CA-Mischungen steigt im Laufe der Zeit nur geringfügig an, diejenige 10%iger Lösungen kann wegen der rasch einsetzenden Phasentrennung nicht über einen längeren Zeitraum verfolgt werden. Die Viskositätswerte 18%iger Spinnlösungen der untersuchten Mischungen steigen mit der Zeit erwartungsgemäß stark an, wobei die Zunahme mit wachsendem Gehalt an Celluloseacetat geringer wird und, wie bereits erwähnt (vgl. Tabelle 2a und 2b), im Bereich der kritischen Mischungsverhältnisse PAN/CA < 70/30 bis > 10/90 nach wenigen Tagen die Phasentrennung einsetzt. Die Alterung hat bei PAN-Lösungen eine Verschlechterung der Spinnbarkeit zur Folge, während längere Standzeiten bei PAN/CA-Kombinationen mit Anteilen von 10 bis 30% CA I keinen nachteiligen Einfluß auf die Spinnbarkeit ausüben.

2.2.3. *Textilphysikalische Eigenschaften*

2.2.3.1. *Reißfestigkeit und -dehnung*

Die Auswertung der textilphysikalischen Untersuchungsergebnisse hinsichtlich einer Abhängigkeit der Fasereigenschaften vom Mischungsverhältnis der Komponenten und der Spinnlösungskonzentration (Bilder 5a bis 5c) läßt erkennen, daß die Reißfestigkeit bis zu einem Verhältnis von PAN I/CA I gleich 70/30 ansteigt und danach wieder abfällt, wobei offenbar keine wesentliche Abhängigkeit von der Konzentration der Spinnlösungen besteht. Fäden mit einem CA-Gehalt von

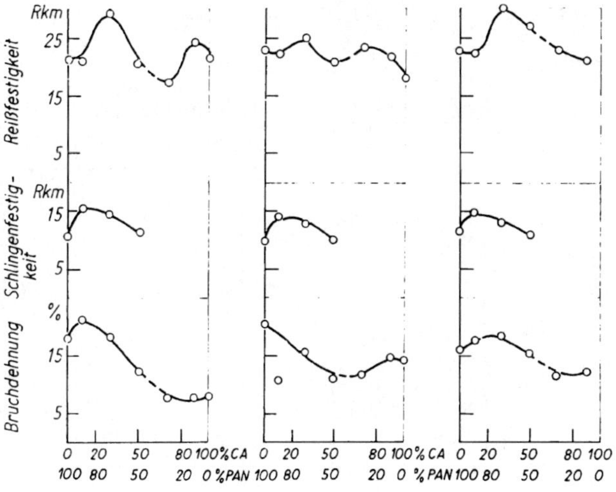

Bild 5. Textilphysikalische Eigenschaften von Fasern aus einer Kombination von PAN I/CA I in Abhängigkeit vom Mischungsverhältnis und von der Spinnlösungskonzentration

Verstreckverhältnis für
PAN/CA ≦ 100/0 ≧ 50/50 = 1:6
PAN/CA < 50/50 ≧ 0/100 = 1:2,8

70 bis 100% lassen sich lediglich um 280 bis 300% verstrecken, weisen aber ungeachtet dessen Festigkeitswerte von 18 bis 24 Rkm auf.

Die Bruchdehnungswerte steigen bei aus 16- und 20%igen Lösungen ersponnenen Fasern bis zu einem Gehalt von 30% CA an und fallen bei weiterer Erhöhung des CA-Anteiles auf Werte von teilweise < 10% ab. Die generell sehr niedrigen Dehnungswerte der erhaltenen Fasern von < 20% waren, wie sich im Verlauf der Untersuchungen ergab, durch eine ungenügende Relaxation bedingt, da 15 min Dämpfen bei 100 bis 105 °C ohne Änderung der Reißfestigkeit zu einer Erhöhung der Dehnung führt (Tabelle 3).

Die oben erwähnte Abhängigkeit der Spinnbarkeit vom Alter der Lösungen wurde auch im Zusammenhang mit einer Beeinflussung der textilphysikalischen Eigenschaften untersucht. Dabei stellten wir fest, daß sich die aus 10 Tage alten PAN-Lösungen ersponnenen Fäden nur noch mit einem Verhältnis von 1:4 verstrecken lassen, während Lösungen von PAN I/CA I-Gemischen mit einem Mischungsverhältnis von 70/30

Tabelle 3. Einfluß einer Dampfbehandlung auf die textilphysikalischen Eigenschaften von Fasern aus PAN bzw. PAN/CA-Mischungen

Polymerkombination und Mischungsverhältnis	Bemerkung	Reißfestigkeit [Rkm]	Schlingenfestigkeit [Rkm]	Bruchdehnung [%]
PAN I	U	22,7	9,7	20,5
	B	22,3	13,6	27,7
PAN I/CA I = 70/30	U	28,7	13,1	17,5
	B	28,6	16,7	32,2
PAN I/CA II = 70/30	U	14,0	9,4	14,0
	B	11,9	9,6	23,9

U = unbehandelt *B* = dampfbehandelt (15 min bei 100 bis 105 °C)

Tabelle 4. Abhängigkeit der textilphysikalischen Eigenschaften von Fasern aus PAN/CA-Mischungen von der Art der Ausgangsstoffe (optimale Mischungsverhältnisse)

Nr.	Polymerkombination und Mischungsverhältnis	Spinnlösungskonzentration [%]	Verstreckverhältnis	Reißfestigkeit [Rkm]	Schlingenfestigkeit [Rkm]	Bruchdehnung [%]
1	PAN I	18	1:7	25,1	11,4	17,9
	PAN I/CA I = 70/30		1:7	31,0	13,2	13,9
	PAN I/CA I = 70/30		1:8	32,7	14,7	15,5
2	PAN II	18	1:3	17,1	5,4	19,7
	PAN II/CA I = 70/30		1:3	15,1	9,7	14,3
	PAN II/CA I = 70/30		1:8	31,4	13,1	16,4
3	PAN III	18	1:7	22,3	11,7	14,6
	PAN III/CA I = 70/30		1:7	30,5	12,6	15,3
	PAN III/CA I = 70/30		1:8	33,1	15,2	16,7
4	PAN I	18	1:6	22,7	9,7	20,5
	PAN I/CA III = 70/30		1:6	28,9	13,6	18,6
5	PAN IV	18	1:5	25,0	9,9	20,9
	PAN IV/CA III = 70/30		1:5	24,4	13,0	13,8
	PAN IV/CA III = 70/30		1:6	27,7	12,6	21,5
6	PAN I	16	1:5	22,8	9,6	21,0
	PAN I/CA II = 70/30		1:4	14,0	9,4	14,0
7	PAN IV	18	1:5	25,0	9,9	20,9
	PAN IV/CA II = 70/30		1:5	18,2	12,4	14,3
8	PAN V	20	1:5	25,4	9,1	32,7
	PAN V/CA II = 90/10		1:5	19,1	10,4	17,3
	PAN V/CA II = 70/30		1:5	17,3	11,6	17,6

selbst nach drei Wochen nicht schlechter als frische Lösungen „spinnen" und bis zu einem Verhältnis von 1:8 verstreckbare Fäden liefern. Von den ersponnenen Fasern zeigt die Reißdehnung eine konstante bzw. leicht fallende Tendenz, die Reißfestigkeit ein leichtes Ansteigen in Abhängigkeit von der Standzeit der Lösungen.

Der Verlauf der Reißfestigkeitswerte in Abhängigkeit vom Mischungsverhältnis der Komponenten weist bei einem Wert von PAN I/CA I gleich 70/30 ein Maximum auf (Bilder 5a bis 5c). Es war deshalb von Interesse zu untersuchen, ob auch die aus Kombinationen anderer PAN- und CA-Proben, insbesondere aus Mischungen von PAN I/CA II, erhaltenen Fasern ähnliche, hohe Festigkeitswerte besitzen. Dabei stellte sich heraus, daß unabhängig vom eingesetzten PAN die aus Kombinationen mit CA I bzw. CA III hergestellten Fasern gegenüber denen aus reinem PAN erhaltenen in jedem Fall erhöhte Festigkeitswerte aufweisen (Tabelle 4). Auch die Spinnbarkeit der Lösungen dieser PAN/CA-Gemische ist sehr gut, und die ersponnenen Fäden sind vielfach höher verstreckbar als die aus reinem PAN. Besonders deutlich kommt das bei der Kombination PAN II/CA I (Tabelle 4, Nr. 2) zum Ausdruck, bei der sich die Fäden aus PAN II lediglich 1:3, die aus PAN II/CA I = 70/30 jedoch um 1:8 verstrecken lassen. Demgegenüber ist an unter Beteiligung von CA II hergestellten Fasern bei gleichem Verstreckungsgrad wie denen aus reinem PAN stets ein Abfall der Festigkeit sowie der Bruchdehnung zu beobachten (Tabelle 4, Nr. 6 bis 8). Diese Festigkeits- und Dehnungsminderung wird bei PAN I/CA II-Kombinationen mit einem Gehalt von 30 bis 50% CA II besonders deutlich. Fasern mit $>70\%$ CA II zeigen dagegen die gleichen oder verbesserte Festigkeits- und Dehnungs-Werte wie die unter Beteiligung von CA I hergestellten (Tabelle 5).

Abschließend sei noch auf die der besseren Übersichtlichkeit wegen in die Kurven bzw. Tabellen nicht mit aufgenommenen Werte für Naßfestigkeit und -dehnung hingewiesen. Die aus PAN- und PAN/CA-Mischungen ersponnenen Fasern haben bis zu einem CA-Gehalt von 10 bis 40% eine relative Naßfestigkeit von 75 bis 85%, bei einem Anteil von $\geqq 50\%$ CA lediglich von 50 bis 60%. Die relative Naßdehnung liegt bei Fäden sämtlicher untersuchter Mischungsverhältnisse bei ca. 100%.

2.2.3.2. *Schlingenfestigkeit*

Die Schlingenfestigkeit, die allgemein als ein Maß für die Sprödigkeit gilt, wird bei den erhaltenen Fasern wesentlich von der Zusammensetzung bestimmt. Bis zu einem Mischungsverhältnis PAN/CA von $>50/50$ liegen die Werte höher als bei reinem PAN (Bild 5), mit zunehmendem Gehalt an CA steigt die Sprödigkeit jedoch so stark an, daß bei Fasern mit einem Gehalt von $>70\%$ CA keine Schlingenfestigkeit mehr bestimmt werden kann. Das Maximum der Schlingenfestigkeit liegt im Bereich von PAN/CA $<90/10$ bis $>70/30$, wobei durch einen Dämpfprozeß noch eine Erhöhung der Werte erreichbar ist (Tabelle 3). Bei den aus Kombinationen PAN/CA II hergestellten Fasern findet man eine geringere Erhöhung der Schlingenfestigkeit gegenüber den reinen PAN-Fasern als bei den unter Beteiligung von CA I bzw. CA III erhaltenen (Tabelle 4), bei Fasern aus PAN I/CA II-Kombinationen liegen die Werte sogar erheblich niedriger (Tabelle 5). Wie orientierende Versuche ergeben haben, geht die

Tabelle 5. Vergleich der textilphysikalischen Eigenschaften von aus PAN I/CA I- bzw. PAN I/CA II-Mischungen erhaltenen Fasern (Proben 15 min bei 100 bis 105°C gedämpft)

Nr.	Polymerkombination und Mischungsverhältnis	Verstreckverhältnis	Reißfestigkeit [Rkm]	Schlingenfestigkeit [Rkm]	Bruchdehnung [%]
1	PAN I	1:6	23,0	13,0	29,3
2	PAN I/CA I = 90/10	1:6	20,4	17,3	26,7
	PAN I/CA II = 90/10	1:6	20,1	14,8	26,3
3	PAN I/CA I = 70/30	1:6	26,6	17,5	31,8
	PAN I/CA II = 70/30	1:6	18,5	14,5	25,0
4	PAN I/CA I = 50/50	1:6	21,6	12,5	23,6
	PAN I/CA II = 50/50	1:6	14,7	9,2	18,4
5	PAN I/CA I 20/80	1:2,8	20,8	nb	12,4
	PAN I/CA II = 20/80	1:2,8	21,7	nb	10,5
6	CA I	1:2,8	17,3	nb	12,8
	CA II	1:2,8	19,5	nb	10,0

nb = nicht bestimmbar

Erhöhung der Schlingenfestigkeit mit einem beträchtlichen Anstieg der Dauerbiegefestigkeit konform, was für eine ausgeprägte Längsorientierung der Fadenmoleküle spricht. Allerdings ist, wie aus einer erheblichen Fibrillierungsneigung der Fasern aus den Polymermischungen hervorgeht, die Querfestigkeit verhältnismäßig niedrig.

2.2.3.3. Weißgrad und Thermostabilität

Der hohe Weißgrad reiner Celluloseacetatfasern sowie deren hohe Thermostabilität sollten sich auf die entsprechenden Merkmale von Fasern aus PAN/CA-Mischungen auswirken. Wie aus Tabelle 6 hervorgeht, ist das auch tatsächlich der Fall. Bereits ein Zusatz von bis zu 10% CA führt zu einem sprunghaften Anstieg des Weißgrades sowie der Thermostabilität der Fasern. Bei den Kombinationen PAN I/CA I liegen die Werte bis zu einem Mischungsverhältnis von $>50/50$ oberhalb, von einem Mischungsverhältnis $<50/50$ an unterhalb der additiven Werte. Die Kombinationen PAN I/CA II zeigen eine weniger deutlich ausgeprägte Zunahme der Werte. Die Weißgraderhöhung ist bei den von uns gewählten Nachbehandlungsbedingungen stets mit einer Zunahme des Glanzes verbunden.

Tabelle 6. Abhängigkeit des Weißgrades und der Thermostabilität von Fasern aus Kombinationen von PAN/CA von der Art sowie dem Mischungsverhältnis der Komponenten

Nr.	Mischungsverhältnis PAN/CA	Art der Kombination: PAN I/CA I			PAN I/CA II			PAN IV/-CA II	PAN V/-CA II	PAN IV/-CA III
		Weißgrad	Thermostabilität Weißgrad in % nach dem Erhitzen auf		Weißgrad	Thermostabilität Weißgrad in % nach dem Erhitzen auf		Weißgrad	Weißgrad	Weißgrad
		[%]	5 min 150°C	30 min 160°C	[%]	5 min 150°C	30 min 160°C	[%]	[%]	[%]
1	100/0	61,5	48,7	27,6	61,5	48,7	27,6	55,1	61,0	55,1
2	95/5	—	—	—	—	—	—	67,2	—	69,6
3	90/10	74,7	66,3	45,7	68,6	55,5	25,6	68,6	71,1	72,4
4	80/20	76,6	66,7	49,8	—	—	—	—	—	73,2
5	70/30	73,5	68,6	51,2	61,0	57,6	43,0	73,9	73,0	68,1
6	50/50	79,5	71,3	56,6	73,4	60,8	39,3	—	—	—
7	30/70	71,2	68,0	48,7	69,0	—	—	—	—	—
8	10/90	77,4	74,9	61,1	66,8	—	—	—	—	—
9	0/100	89,3	84,4	73,1	78,0	71,9	60,3	—	—	—

Tabelle 7. Färbungen mit Farbstoffen verschiedener Klassen (Angaben in Noten nach Graumaßstab)

Farbstoff	Mischungsverhältnis PAN I/CA I				
	100/0	70/30	50/50	20/80	0/100
3% Basacrylblau GL	5	3	2	3	1
2% Wofalangrau BL	4	2	2	4	5
2% Perlitonbrillantrosa R	2	2	2	4	5
6% Schwefelschwarz BRW	3	3	3	4	5
2% Telonlichtblau RR	2	3	2	4	5
2% Solaminlichtblau FF 2 GL	3	3	3	5	5

2.2.4. Anfärbbarkeit

Das färberische Verhalten der Polymerlegierungen wurde am Beispiel von Fasern der Kombination PAN I/CA I untersucht, wobei wir zunächst für jeweils eine der Komponenten geeignete Farbstoffe einsetzten und darüber hinaus die Reservierwirkung der Fasern gegenüber für beide ungeeigneten Farbstoffen prüften. Eine Beurteilung des Grades der Anfärbung erfolgte visuell. Zur quantitativen Einschätzung mit Hilfe des Graumaßstabes wurden die Proben einer Reihe mit der am tiefsten gefärbten Faser verglichen und diese willkürlich mit der Note „5“ bewertet (Tabelle 7 und 8).

Mit dem basischen Farbstoff wurde als günstigste eine mittlere Färbung erzielt. Keine der Proben nahm mehr als 3% des eingesetzten Farbstoffes auf, und bei einem Anteil von 80 und 100% CA I wurden bereits bei 1% Farbstoffeinsatz die Farbbäder nicht mehr erschöpft. Die Anfärbbarkeit nahm mit Verringerung des PAN-Anteiles in der Faser ab.

Die Faser mit dem Mischungsverhältnis PAN I/CA I = 20/80 ist tiefer angefärbt, als es ihrem Platz in der Reihe entspricht. Das ist offenbar auf die weniger durch die Polymerzusammensetzung als durch die Spinnbedingungen bedingte Faserstruktur zurückzuführen, die durch die textilphysikalischen Werte nicht zum Ausdruck gebracht wird. Der Einfluß des Faseraufbaus auf die Tiefe der Färbungen ist auch daran zu erkennen, daß Proben bei gleicher Farbstoffaufnahme unterschiedliche Farbtiefen aufweisen.

Mit dem 1,2-Metallkomplexfarbstoff wurden helle Färbungen erzielt. Der Dispersionsfarbstoff ergab bei 100% CA und 80% CA kräftige, leuchtende Farben.

Unabhängig von der Farbtiefe konnten alle Färbungen auf den Fasern mit 100 bis 50% PAN wegen deren Mattcharakter nicht befriedigen. Säure-, Schwefel- und substantive Farbstoffe färben die Polymerlegierungen unterschiedlich an, in jedem Falle jedoch stärker als eine vergleichsweise gefärbte handelsübliche Acrylfaser (WOLPRYLA 65). Die Reservierwirkung der Fasern ist also unbefriedigend.

Mit einem Spezialfärbeverfahren für Acrylfasern konnten mit Schwefel-, basischen und 1,2-Metallkomplexfarbstoffen auch tiefe Färbungen erhalten werden. Alle drei Farbstoffklassen brachten ein Minimum der Anfärbbarkeit bei PAN I/CA I = 50/50, das allerdings bei 1,2-Metallkomplexfarbstoffen nur schwach ausgeprägt war.

Dispersionsfarbstoffe färbten die Fasern nach diesem Verfahren mit zunehmendem Anteil an CA I stärker an.

Tabelle 8. Färbungen mit Farbstoffen verschiedener Klassen nach einem Spezialfärbeverfahren (Angaben in Noten nach Graumaßstab)

Farbstoff	Mischungsverhältnis PAN I/CA I				
	100/0	70/30	50/50	20/80	0/100
26,6 g/l Basacrylblau GL	5	3	3	5	5
15,0 g/l Wofalangrün GTT	4	3	3	5	5
15,0 g/l Perliton-brillantrosa R	1	2	2	4	5
90,0 g/l Schwefelschwarz BRW + 16,0 g/l Schwefelneublau FBL	5	4	3	5	5
15,0 g/l Telonlichtblau RR	1	1	1	3	5
15,0 g/l Solaminlichtblau FF 2 GL	4	2	2	4	5

Selbst bei 100% CA I wurde jedoch nur eine geringe Farbtiefe erreicht.

Auf der Faser mit 100% CA I brachten der Säure- und der substantive Farbstoff tiefe Färbungen.

Zur genaueren Beurteilung der Färbungen wurden von den Proben PAN I/CA I = 20/80 Farbechtheiten bestimmt. Nur die Echtheiten der mit 1,2-Metallkomplexfarbstoffen gefärbten Fasern waren unter Berücksichtigung der Farbtiefe befriedigend, die aller anderen Proben ungenügend.

3. Diskussionen der Versuchsergebnisse

Die von uns durchgeführten Untersuchungen haben die in der Literatur vertretene Ansicht über die Unverträglichkeit von Polyacrylnitril und Celluloseacetat in einem gemeinsamen Lösungsmittel im wesentlichen bestätigt. Die Unverträglichkeit äußert sich in Dimethylformamidlösungen beider Komponenten bei Konzentrationen von $>1\%$ durch eine Depression der gemessenen gegenüber den additiven Viskositätswerten und kommt ferner in einer Trübung konzentrierter Lösungen, in denen der Gehalt an PAN $<90\%$ und $>10\%$ beträgt, zum Ausdruck. Diese Trübung, die bereits bei frisch bereiteten Lösungen zu erkennen ist und durch unter dem Mikroskop deutlich sichtbare Tröpfchen von gelöstem Celluloseacetat hervorgerufen wird, nimmt im Laufe der Zeit infolge Assoziation der Tröpfchen merklich ab und geht schließlich in eine deutliche Phasentrennung über, falls es nicht vorher zu einem Gelieren der Lösung kommt. Offensichtlich kann man in Anlehnung an *Alekseenko* [31] folgende Beziehungen annehmen:

$$E_{PAN(L)} > E_{PAN/CA(L)} < E_{CA(L)}.$$

(E = Wechselwirkungsenergie zwischen den PAN- bzw. CA-Molekülen bzw. PAN/CA-Molekülaggregaten und den Lösungsmittelmolekülen L). Infolge der geringeren Wechselwirkungsenergie $E_{PAN/CA(L)}$ gegenüber $E_{PAN(L)}$ oder $E_{CA(L)}$ kommt es unter den gegebenen Verhältnissen zur Phasentrennung. Diese tritt, trotz einer bereits bei verdünnteren Lösungen durch die Viskositätsdepression zum Ausdruck kommenden Unverträglichkeit, erst bei Lösungen mit einer Konzentration von >4% ein, wobei die Geschwindigkeit der Gleichgewichtseinstellung wesentlich vom Mischungsverhältnis der Komponenten sowie von der Viskosität der Lösungen bestimmt wird. Auf diese Erscheinungen hat teilweise schon *Michajlov* [23] aufmerksam gemacht.

Die durch die Unverträglichkeit der Komponenten bedingten Inhomogenitäten der gemeinsamen Lösungen sollten in deren Spinnbarkeit sowie den mechanischen Eigenschaften der Fasern zum Ausdruck kommen. In der Tat sind nach *Yamamoto* [15] unter Verwendung anorganischer Salzlösungen keine brauchbaren Fasern aus PAN/CA-Kombinationen erspinnbar, während aus Dimethylformamid- bzw. Dimethylsulfoxid-Lösungen Fasern mit guten Eigenschaften erhalten werden. Die Festigkeiten der Polymerlegierungen liegen allerdings niedriger als die der reinen, unter gleichen Bedingungen ersponnenen PAN-Fasern und fallen mit steigendem Celluloseacetatgehalt sogar ab [2]. Diese Abnahme der Festigkeit mit steigendem Gehalt der zweiten Komponente in aus Polymermischungen hergestellten Fasern ist nach Ansicht von *Cypryk* u. Mitarb. [3] ein Kriterium für die Inhomogenität der Mischung infolge Unverträglichkeit der Komponenten. Ähnliche Erscheinungen sind auch an aus Mischungen wenig verträglicher Polymerer hergestellten Plasten und Elasten beobachtet worden [32, 33].

In keiner der genannten Arbeiten, die sich mit der Herstellung von Fasern aus Polyacrylnitril/Celluloseacetat-Gemischen beschäftigen, wird dem Verhältnis der rel. Molekülmassen beider Komponenten größere Beobachtung geschenkt, obwohl es für die Verträglichkeit von Polymeren von erheblicher Bedeutung ist [34 bis 36]. In unserer Arbeit wurde der Einfluß der rel. Molekülmasse des Celluloseacetates auf die Eigenschaften von Fasern aus PAN/CA-Kombinationen näher untersucht, wobei wir als eine der rel. Molekülmasse proportionale Größe die relative Viskosität der Polymeren zugrunde legten. Gemäß der allgemein beobachteten Zunahme der Unverträglichkeit mit steigender rel. Molekülmasse der miteinander gemischten Polymeren fanden wir bei Kombinationen von PAN I mit dem niedrigerviskosen CA I ($\eta_{rel} = 1{,}91$) geringere Viskositätsdepressionen als bei Kombinationen mit dem höherviskosen CA II ($\eta_{rel} = 2{,}43$).

Die stärker ausgeprägte Unverträglichkeit von PAN I/CA II-Mischungen spiegelt sich in der kinetischen Stabilität der Lösungen weniger deutlich wider (verzögerte Gleichgewichtseinstellung infolge höherer Viskosität) als in den Fasereigenschaften — die CA II enthaltenden Fasern weisen eindeutig niedrigere Festigkeitswerte auf als die unter Beteiligung der niederviskosen Celluloseacetate CA I bzw. CA III hergestellten [37].

Die durch die Trübung zum Ausdruck kommende Heterogenität von konzentrierten Lösungen ist auch nach längerem Stehen nicht so hoch, daß Schwierigkeiten beim Spinnen auftreten würden, so daß selbst aus gealterten Lösungen Fasern mit guten Festigkeitswerten erhalten werden können. Offenbar spielen in diesem Zusammenhang nicht nur der Grad der Unverträglichkeit der Komponenten sowie die Heterogenität der Spinnlösung eine Rolle, sondern hat auch das Fadenbildungsvermögen der Polymeren einen wesentlichen Einfluß. Beispielsweise sind aus nahezu ungetrübten Lösungen von PAN und nichtfadenbildenden Polymeren keine Fasern mit gegenüber den PAN-Fasern verbesserten Festigkeitswerten herstellbar [38].

Die Erfahrungen aus dem Kunststoffsektor, daß sich die Eigenschaften von Polymerkombinationen nicht immer additiv aus denen der Einzelkomponenten zusammensetzen, fanden wir auch am Beispiel der Fasern aus PAN/CA-Mischungen bestätigt. So weisen die nach dem Naßspinnverfahren hergestellten Celluloseacetatfasern verhältnismäßig niedrige Festigkeitswerte von 10 bis 13 Rkm auf, besitzen aber hohe relative Schlingenfestigkeiten von 60 bis 80%. Die von uns unter den angegebenen Bedingungen erhaltenen PAN-Fasern haben eine Festigkeit von 22 bis 25 Rkm, so daß es überraschend erscheint, daß bei den Polymerlegierungen mit einem CA-Gehalt von 10 bis 30% teilweise Festigkeiten von >30 Rkm erreicht werden. Dabei sind die von uns angewandten Bedingungen für das Erspinnen reiner Celluloseacetatfasern keineswegs optimal, wie aus zwar relativ hohen Festigkeitswerten, jedoch niedriger Bruchdehnung und vor allem der außerordentlich hohen Sprödigkeit hervorgeht. Wir sehen darin einen anschaulichen Beweis für die vielfach getroffene Feststellung, daß bei der Herstellung von Fasern aus Polymerlegierungen nicht nur Art und Mischungsverhältnis der Ausgangsstoffe, sondern auch die Spinnbedingungen einen wesentlichen Einfluß auf die Fasereigenschaften ausüben. Die verhältnismäßig hohen Werte für Weißgrad und Thermostabilität der Polymerlegierung PAN/CA sind an sich nicht überraschend, da sich Celluloseacetat von Natur aus durch einen hohen Weißgrad auszeichnet und sich normalerweise erst bei Temperaturen von >210 °C zu verfärben beginnt. Diese Eigenschaften finden sich in den aus PAN/CA-Kombinationen hergestellten Fasern wieder, wobei allerdings der sprunghafte Anstieg der Werte bei geringen CA-Anteilen (~10%) auffällt.

Durch die Beobachtungen, daß aus PAN/CA-Mischungen trotz Unverträglichkeit der Komponenten unter bestimmten Bedingungen Fasern mit guten textilen Eigenschaften erhalten werden können, ist bereits ein Hinweis für eine relativ homogene Struktur der Fasern gegeben, da größere Inhomogenitäten unvermeidlich verschlechterte mechanische Eigenschaften zur Folge hätten. Die Trübung der Spinnlösungen deutet jedoch eine „Mikroheterogenität" an, die sich auch im festen Zustand wiederfinden sollte. In der Tat konnten *Cates* u. Mitarb. [2] sowie *Yamamoto* [15] in den von ihnen erhaltenen Fasern aus PAN/CA-Mischungen durch elektronenmikroskopische Aufnahmen gewisse Inhomogenitäten nachweisen, die bei ähnlichen Aufnahmen von miteinander verträglichen Polymeren nicht zu erkennen sind [4]. In den Röntgenbeugungsaufnahmen der aus Mischungen von PAN und CA hergestellten Fasern treten die für beide Polymere charakteristischen Reflexe auf, woraus man den Schluß ziehen kann, daß beide Polymeren in der Mischung gewissermaßen als selbständige Einheiten vorliegen [2].

Aus Querschnittsaufnahmen der von uns erhaltenen Fasern (Bilder 6a und 6b) ist ersichtlich, daß die PAN/CA-Fasern gegenüber der reinen PAN-Faser eine aufgelockertere Struktur besitzen. Deshalb lag

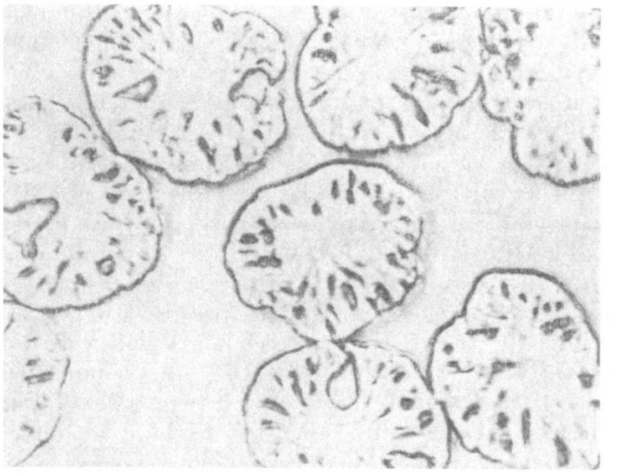

Bild 6a. Querschnitte von Fasern aus PAN I (Abbildungsmaßstab — 630:1)

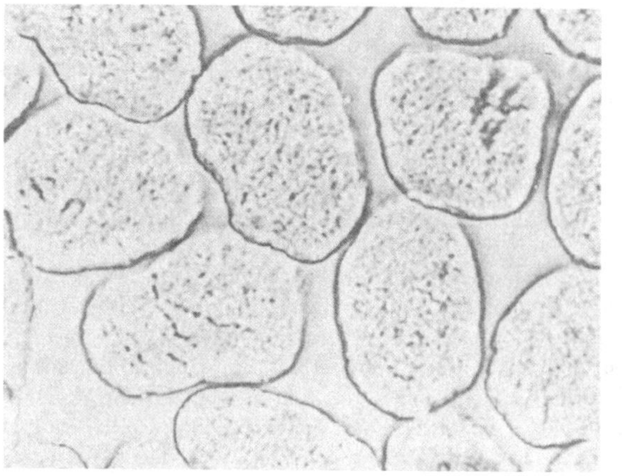

Bild 6b. Querschnitte von Fasern aus PAN I/CA I = 70/30 (Abbildungsmaßstab — 630:1)

die Vermutung nahe, daß die Polymerlegierung zumindest gegenüber Dispersionsfarbstoffen eine verbesserte Anfärbbarkeit zeigen sollte. Wider Erwarten ließ sich diese Annahme durch die Versuche nicht bestätigen; denn gerade mit Farbstoffen dieser Klasse wird die reine CA-Faser weit besser angefärbt. Andererseits läßt sich die schlechte Reservierwirkung der Fasern aus den PAN/CA-Kombinationen gut durch die aufgelockerte Struktur erklären. Insgesamt befriedigt die Anfärbbarkeit der von uns hergestellten Fasern aus PAN/CA-Mischungen nicht, was in einem gewissen Widerspruch zu den in der Literatur getroffenen Feststellungen steht.

Über die Ergebnisse der von uns an Fasern aus Polymerlegierungen durchgeführten Strukturuntersuchungen wird in einer späteren Mitteilung berichtet.

4. *Zusammenfassung*

Gemeinsame Lösungen von Polyacrylnitril und sekundärem Celluloseacetat in Dimethylformamid wurden hinsichtlich einer Abhängigkeit der Viskosität von der Konzentration sowie dem Mischungsverhältnis der Komponenten untersucht. Dabei stellten wir fest, daß sich bis zu Konzentrationen von 1 g/dl die Viskosität der Mischungen aus den additiven Werten der Einzelkomponenten zusammensetzt und bei Konzentrationen von $> 4\%$ die gemessenen gegenüber den additiven Werten erniedrigt sind. Diese mit wachsender Konzentration zunehmende Viskositätsdepression betrachten wir als ein Kennzeichen der Unverträglichkeit der Komponenten. Ungeachtet der thermodynamischen Instabilität von Systemen aus Polyacrylnitril/Celluloseacetat/Dimethylformamid weisen konzentrierte Lösungen der beiden Polymeren mit einem Celluloseacetatgehalt von $\leqq 30\%$ eine genügende kinetische Stabilität auf, so daß sie auch nach längerem Stehen noch zu Fasern mit guten mechanischen Eigenschaften gesponnen werden können. Während die Fasereigenschaften vom Alter der Spinnlösungen kaum beeinflußt werden, hängen sie in starkem Maße vom gegenseitigen Verhältnis der der rel. Molekülmasse proportionalen Lösungsviskosität der Komponenten ab. Bei konstanter Lösungsviskosität des Polyacrylnitrils nimmt mit steigender relativer Viskosität des Celluloseacetats die Unverträglichkeit der Komponenten zu und verschlechtern sich dementsprechend die textilphysikalischen Eigenschaften, insbesondere die Reißfestigkeiten der Fasern. Ausgehend von Mischungen mit einem Celluloseacetat, das eine annähernd gleiche bzw. gegenüber dem Polyacrylnitril erniedrigte Viskosität besitzt, lassen sich jedoch bei einem Polyacrylnitrilgehalt von 70 bis 90% Fasern mit sehr guten textilphysikalischen Eigenschaften, insbesondere erhöhten Schlingenfestigkeiten, herstellen. Die erhaltenen Fasern besitzen ferner bereits bei geringen Anteilen an Celluloseacetat einen gegenüber den reinen PAN-Fasern erhöhten Weißgrad sowie eine verbesserte Thermostabilität. Im Gegensatz zu den Angaben in der Literatur zeigen die von uns aus den Polymermischungen hergestellten Fasern keine bessere Anfärbbarkeit als die reinen PAN-Fasern.

Für die fleißige und gewissenhafte Mitarbeit bei den zahlreichen Versuchen möchten wir Frau *A. Mätzke* unseren Dank aussprechen. Ferner gilt unser Dank den Mitarbeitern des Textiltechnologischen Labors, insbesondere Herrn Dipl.-Ing. *W. Dohrn*, für die Durchführung der vielen Textilprüfungen sowie Herrn Ing. *J. Rudolf* für die Mühe bei der Ausfertigung der Diagramme.

Literatur

[1] *Meißner, W.*, und *Berger, W.:* Zur Problematik der Herstellung von Chemiefaserstoffen aus Polymerlegierungen. Faserforsch. u. Textiltechnik **16** (1965) 8, S. 400—408.

[2] *Cates, D. M.*, und *White, H. J.:* Preparation and properties of fibers containing mixed polymers. Part I. J. Polymer Sci. **20** (1956) S. 155—188.

[3] *Cypryk, J.*, *Laszkowski, M.*, und *Piechucki, S.:* Fasern aus Mischungen von Polyacrylnitril und Produkten seiner Hydrolyse sowie anderen Hochpolymeren. Faserforsch. u. Textiltechnik **14** (1963) 7, S. 265—270.

[4] *Hearle, J. W. S.:* Fibres from copolymers and blended polymers. Skinner's Rec. **31** (1957) 11, S. 1198—1202; **32** (1958) 1, S. 46—48.

[5] *Michajlov, N. V.*, *Uchanova, Z. V.*, *Klimenkov, V. S.*, und *Kuril'čikov, E. A.:* Neue Methoden der Modifizierung von Kunst- und Synthesefasern. Tekstil. Prom., Moskva (Textil-Ind.) **14** (1954) 9, S. 11—12.

[6] *Gröbe, V.:* Über Mischungen von Polyacrylnitril und Acetylcellulose. Faserforsch. u. Textiltechnik **7** (1956) 3, S. 132—133.

[7] *Merot, L.:* Neue Textilfäden aus Polymermischungen. Ind. textile, Paris (1956) 835, S. 409—411.

[8] Eastman Kodak Co., Rochester, N. Y., USA: Verfahren zur Herstellung gefärbter Acrylfasern. FrP 1351972 v. 26. 3. 1963.

[9] Polymer blending. Mod. Textiles Mag. **35** (1954) 1, S. 56. Vgl. auch: Blending Polymer molecules. Ind. engng. Chem. **46** (1954) 10, S. 18 A—20 A.

[10] Dow Chemical Co., USA: Faserbildende Kompositionen aus Celluloseacetat und Acrylnitrilcopolymeren sowie Faser, die im wesentlichen daraus besteht. USP 2872424 v. 16. 12. 1954.
[11] Nitto Boseki Kabushiki Kaisha, Japan: Herstellung einer färbbaren Faser auf der Basis von Polyacrylnitril. JaP 958/56. Ref. in: Ref. Ž. Chimija (Referate-Z. Chemie) (1958) 8, 27233.
[12] Asahi Dau Kabushiki Kaisha, Japan: Verfahren zur Bereitung einer Spinnlösung aus einem Polymerengemisch zur Herstellung einer Synthesefaser. JaP 2317/58 v. 14. 3. 1956. Ref. in: Ref. Ž. Chimija (Referate-Z. Chemie) (1965) 4, C 654.
[13] Toyo Boseki Kabushiki Kaisha, Japan: Erspinnen einer Faser aus einem Gemisch faserbildender Polymerer. JaP 2986/62 v. 18. 1. 1960. Ref. in: Chem. Zbl. (1965) 4–3060.
[14] Toyo Rayon Kabushiki Kaisha, Japan: Spinning of acrylonitrile containing polymer blend. JaP 14029/64 v. 29. 9. 1961. Ref. in: Derwent Japanese Patents Rep., Ser. 2: Textiles, Dyeing **3** (1964) 29, S. 3.
[15] *Yamamoto, A.:* Untersuchung der Pfropfcopolymerisation von Acrylnitril und Celluloseacetat im homogenen Medium. Eigenschaften der Fasern aus den Pfropfcopolymeren. Chimija i Technologija Polimerov **8** (1964) 4, S. 146–148.
[16] Snia Viscosa Soc. Nazionale Industria Applicazioni Viscosa s. p. A., Mailand, Italien: Verbesserte Anfärbbarkeit aufweisende Fäden auf der Basis von Acrylnitrilpolymeren und Verfahren zur Bereitung der Spinnlösungen. FrP 1315132 v. 5. 12. 1961.
[17] Eastman Kodak. Co., Rochester, N. Y., USA: Acetonlösung von Cellulosetriacetat und Vinylpolymeren sowie Verfahren zur Herstellung derselben. USP 3026276 v. 3. 11. 1958.
[18] Toyo Spinning Co., Japan: Faser aus Celluloseacetat. JaP 13523/62 v. 30. 3. 1960. Ref. in: CA **59** (1963) 8922.
[19] Toyo Rayon Co., Japan: Verspinnen von Acrylnitril/Celluloseacetat-Copolymeren. JaP 14030/64 v. 11. 11. 1961. Ref. in: Derwent Japanese Patents Rep., Ser. 2: Textiles, Dyeing **3** (1964) 19, S. 3.
[20] *Avny, Y., Yom-Tov, B.,* und *Zilkha, A.:* Anionische Pfropfpolymerisation von Acrylnitril und Methacrylnitril auf Celluloseacetat. J. appl. Polymer Sci. **9** (1965) 11, S. 3737–3743.
[21] *Žbankov, R. G., Garbuz, N. I., Radčenko, G. O.,* und *Volkova, A. S.:* Untersuchung der Zusammensetzung sowie Struktur von Pfropfcopolymeren aus Acetylcellulose und Polyacrylnitril mittels Fraktionierung und Infrarotspektroskopie. Ž. prikl. Spektroskopii **1** (1964) 1, S. 75–78.
[22] *Pakšver, E. A., Semenov, Ju. P.,* und *Vinogradov, T. V.:* Rheologie konzentrierter Lösungen von Pfropfcopolymeren. Sammelband „Karbocepnye Volokna". Moskva: Izdatel'stvo Chimija 1966, S. 107–110.
[23] *Michajlov, N. V., Uchanova, Z. V.,* und *Karetina, T. I.:* Untersuchungen der Lösungen von Polymergemischen sowie der ihre Beständigkeit bestimmenden Faktoren. Chim. Volokna (Chem. Fasern) **1** (1959) 3, S. 18–22. Vgl. auch: Naučno-issled. Trudy vsesojusn. naučno-issled. Inst. iskusstv. Volokna (1957) 3, S. 55–64.
[24] *Morbey, G. K.,* und *Whitwell, J. C.:* Lösungsmittelspinnen eines gemischten Polymersystems; eine multivariable Untersuchung. Textile Res. J. **33** (1963) 9, S. 673–688.
[25] Chemstrand Corp., USA: Herstellung eines papierähnlichen Produktes aus Mischpolymerisaten. FrP 1268034 v. 10. 8. 1960.
[26] *Gröbe, V.,* und *Reichert, H.:* Fasern aus Acrylnitril-Allylsulfonat-Copolymerisaten. Faserforsch. u. Textiltechnik **16** (1965) 7, S. 339–348.
[27] *Alekseenko, V. I.,* und *Mišustin, I. U.:* Untersuchung der Verträglichkeit von Polymeren. Vysokomol. Soed. (Hochmol. Verb.) **1** (1959) 11, S. 1593–1598.
[28] *Friese, K.:* Die Verträglichkeit von Polymeren und die Methoden ihrer Bestimmung. I. Verträglichkeit von Polymeren in Lösung. Plaste u. Kautschuk **12** (1965) 2, S. 90–95.
[29] *Gryzlova, L. G.:* Verträglichkeit und Viskosität der Lösungen einiger Harz- und Kautschukgemische. Sammelband: Trudy vsesojusn. naučno-issled. Inst. novych stroitel'n. Materialov (1963) 8, S. 36–42. Ref. in: Referat. Ž. Chimija (Referate-Z. Chemie) (1964) 11, C 21.
[30] *Slepakova, S. I., Chomenko, R. I., Tairov, M. Š., Zakirov, E. Z.,* und *Geller, B. E.:* Über die strukturelle Modifizierung von Polyacrylnitrilfasern. Chim. Volokna (Chem. Fasern) (1966) 6, S. 6–9.
[31] *Alekseenko, V. I.:* Zur Frage der Verträglichkeit von Polymeren. Vysokomol. Soed. (Hochmol. Verbind.) **2** (1960) 10, S. 1449–1455.
[32] *Friese, K.:* Die Verträglichkeit von Polymeren und die Methoden ihrer Bestimmung. II. Verträglichkeit von Polymeren im lösungsmittelfreien Zustand. Plaste u. Kautschuk **13** (1966) 2, S. 65–71.
[33] *Tager, A. A.:* Physikalische Chemie der Polymeren. Moskva: Goschimizdat 1963, S. 484ff.
[34] *Švarc, A. G.:* Über die Verträglichkeit von Polymeren. Kolloid. Ž., Moskva (Kolloid-Z.) **18** (1956) 6, S. 755 bis 761.
[35] *Dobry, A.,* und *Boyer-Kawenoki, F.:* Phasentrennung in Polymerlösungen. J. Polymer Sci. **2** (1947) 1, S. 90 bis 100.
[36] *Kern, R. J.,* und *Slocombe, R. J.:* Phasentrennung in Lösungen von Vinylpolymeren. J. Polymer Sci. **15** (1955) S. 183–192.
[37] *Berger, W., Meißner, W.,* und *Mai, J.:* Verfahren zur Herstellung von Fäden, Fasern u. dgl. aus Mischungen von Polyacrylnitril bzw. Acrylnitrilcopolymerisaten mit Celluloseacetat. DWP 60845 v. 23. 12. 1966.
[38] *Meißner, W.,* und *Berger, W.:* Unveröffentlichte Versuche.

Eingegangen am 10. April 1968

Zum Verhalten von Fäden bei Druckbeanspruchungen durch Walzen[1)]

Teil I: Formänderung monofiler Polyamid-6-Seide

Wolfgang Bobeth und Helmar Päßler

Institut für Textiltechnik der Technischen Universität Dresden

DK 677.494.675'126—042.2:677.494.061.39:677.494—042.412:620.172

Mit einem Walzgerät wurde monofile Polyamid-6-Seide zwischen gehärteten Stahlwalzen auf Druck beansprucht. Die eingetretenen Änderungen der Länge, der Querschnittsfläche und der Querschnittsform der Seide werden in Abhängigkeit von der Walzdruckkraft und der beim Walzen auf den Faden wirkenden Zugkraft beschrieben, und es wird auf die Möglichkeit der Fadenkräuselung durch Walzen hingewiesen.

К вопросу о поведении нитей при нажимной нагрузке между вальцами

Часть I: Изменения формы моноволокна из полиамида-6

Моноволокно из полиамида-6 было подвергнуто нажимной нагрузке между закаленными стальными вальцами. Описаны изменения длины, площади и формы поперечного сечения моноволокна в зависимости от нажимного и растягивающего усилий. Указано на возможность возникновения извитости волокна вследствие вальцевания.

Compression Behaviour of Filaments between Rollers

Part I. Changes in Shape of Nylon 6 Filaments

Nylon 6 filaments were subjected to compressional forces by rolling between hardened steel rollers. The changes in length cross sectional area and shape of the filaments are related to the pressure exerted by the rollers as well as to the tension required to move the filaments. Possible ways of crimping the filaments by rolling are outlined.

1. *Einleitung*

Die textilen Faserstoffe sind während ihrer Gewinnung bzw. Herstellung sowie im Verlauf ihrer Verarbeitung zu Fäden und Flächengebilden in vielfältiger Weise Druckbeanspruchungen ausgesetzt [2, 3]. Die Einwirkung von Druck kann sowohl zur Durchführung bestimmter technologischer Prozesse erforderlich sein als auch zur Erzielung spezieller Veredlungseffekte dienen. Außerdem werden die Textilien vielfach im Gebrauch durch Druck beansprucht. Systematische Untersuchungen über die Zusammenhänge zwischen Art und Höhe der Druckbeanspruchung der Faserstoffe und den dadurch eintretenden Eigenschafts- sowie Strukturänderungen wurden bisher nur in wenigen Fällen durchgeführt.

Eine spezielle Art der Druckbeanspruchung ist das Walzen. Im folgenden werden Versuche beschrieben, bei denen Fäden auf einem Walzgerät durch Druck beansprucht wurden. Am Beispiel einer monofilen Polyamid-6-Seide wurde zunächst festgestellt, welche Formänderungen ein Faden durch das Walzen erfährt.

[1)] Auszug aus der Dissertation von H. Päßler; Referenten: Prof. Dr.-Ing. habil. W. *Bobeth* und Prof. Dr.-Ing. habil. *H. Perner* [1].

Bild 1. Teilansicht des Fadenwalzgerätes

2. *Versuchsbeschreibung*

Für Untersuchungen zum Bestimmen des Druckverhaltens von Faserstoffen durch Walzversuche sind Einzelfasern, Elementarfäden und Monofile besser geeignet als polyfile Seiden, Garne, Zwirne, Gewebe, Gewirke usw., da bei letzteren die Versuchsergebnisse zusätzlich vom Aufbau dieser Gebilde beeinflußt werden. Aus diesem Grunde wurde für die Untersuchungen monofile Polyamid-6-Seide (DEDERON Nm 300 [3,4 tex]) als Versuchsmaterial ausgewählt. Dieser Faden kann durch das Walzen über eine beliebige Länge gleichmäßig durch Druck beansprucht werden.

Eine Teilansicht des Fadenwalzgerätes mit den Walzen und der Vorrichtung zum Aufbringen der Druckkraft ist in Bild 1 dargestellt. Sowohl die Antriebswalze als auch die Druckwalze bestehen aus gehärtetem Stahl. Die Druckwalzen werden durch Reibung über die durchlaufenden Fäden von der Antriebswalze angetrieben und sind als Pendelwalzenpaar ausgeführt. Die Druckkraft ist regelbar und wird von einer Feder aufgebracht.

Bei den beschriebenen Walzversuchen wurden die Walzdruckkraft und die nach dem Walzspalt auf den Faden wirkende Zugkraft (Auslaufzugkraft) variiert. Alle anderen Einflußfaktoren blieben konstant:

Zugkraft auf den Faden vor dem Walzspalt (Einlaufzugkraft): 0,15 p/tex;
Beschaffenheit der Walzen: gehärtete Stahlwalzen mit 24 mm Durchmesser;
Umfangsgeschwindigkeit der Walzen: 5 m/min;
Walzentemperatur: Raumtemperatur (20 °C $\pm$ 2 grd);
Anzahl der Passagen: 1.

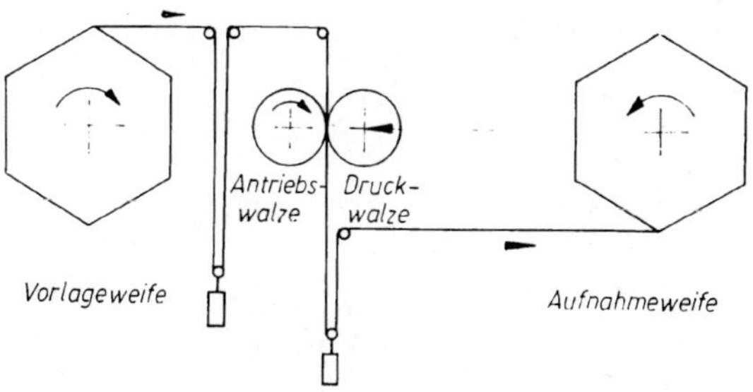

Bild 2. Fadenführung beim Walzen

Der Fadenlauf bei der Versuchsdurchführung ist in Bild 2 schematisch dargestellt. Auf den von einer Vorlageweife ablaufenden Faden wirkt vor dem Einlauf in den Walzspalt durch ein Massestückchen eine definierte Einlaufzugkraft. In gleicher Weise wird nach dem Austritt des Fadens aus dem Walzspalt eine definierte Auslaufzugkraft erzielt. Der gewalzte Faden wird auf eine Weife aufgewunden.

Zur Beschreibung der Versuchsergebnisse werden die nachstehenden Kurzzeichen verwendet:

F_W Walzdruckkraft (Druckkraft, die auf einen im Walzspalt befindlichen Faden wirkt),
K_E Einlaufzugkraft,
K_A Auslaufzugkraft,
$l_{0(0,5)}$ Fadenlänge vor dem Walzen (Zugkraft beim Messen: 0,5 p),
$l_{W(K_A)}$ Fadenlänge nach dem Walzen (Zugkraft beim Messen: K_A),
l_{WE} Fadenlänge nach dem Walzen und einer anschließenden spannungslosen Erholung,
$\delta_{W,l}$ Relative Längenänderung durch Walzen,
$\delta_{WE,l}$ Relative Längenänderung durch Walzen und eine anschließende spannungslose Erholung,
$\delta_{W,A}$ Relative Querschnittsflächenänderung durch Walzen,
t_E Erholungszeit.

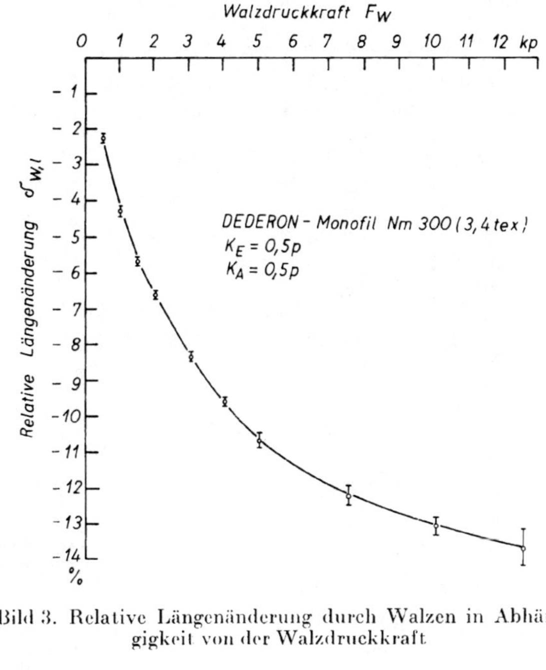

Bild 3. Relative Längenänderung durch Walzen in Abhängigkeit von der Walzdruckkraft

3. Formänderungen durch Walzen

3.1. Längenänderungen

Die monofile Polyamidseide erfährt durch die Druckbeanspruchung beim Walzen eine Verkürzung. In Bild 3 sind die relativen Längenänderungen in Abhängigkeit von der Walzdruckkraft aufgetragen. Die Auslaufzugkraft wurde bei diesen Versuchen mit 0,5 p (0,15 p/tex) konstant gehalten. Die Längenmessungen erfolgten ebenfalls unter Zugkräften von 0,5 p. Die maximal ermittelte Verkürzung des Fadens von nahezu 14% stellt unter den vorgegebenen Versuchsbedingungen näherungsweise einen Grenzwert dar, da die für diese Verkürzung erforderliche Walzdruckkraft eine

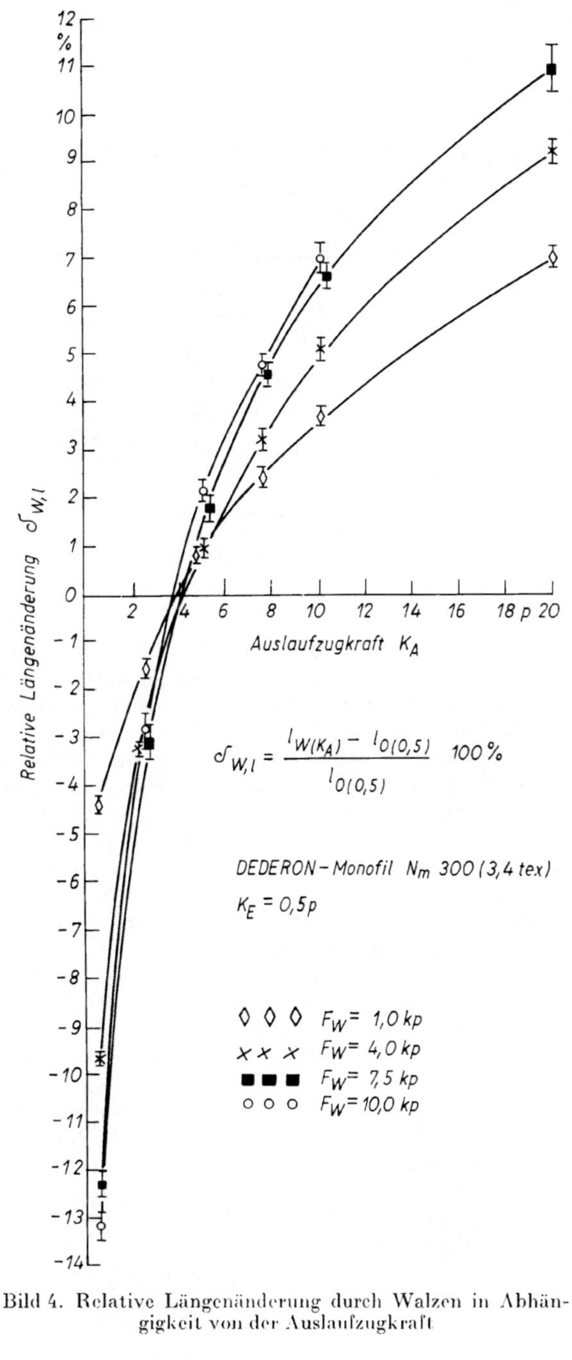

Bild 4. Relative Längenänderung durch Walzen in Abhängigkeit von der Auslaufzugkraft

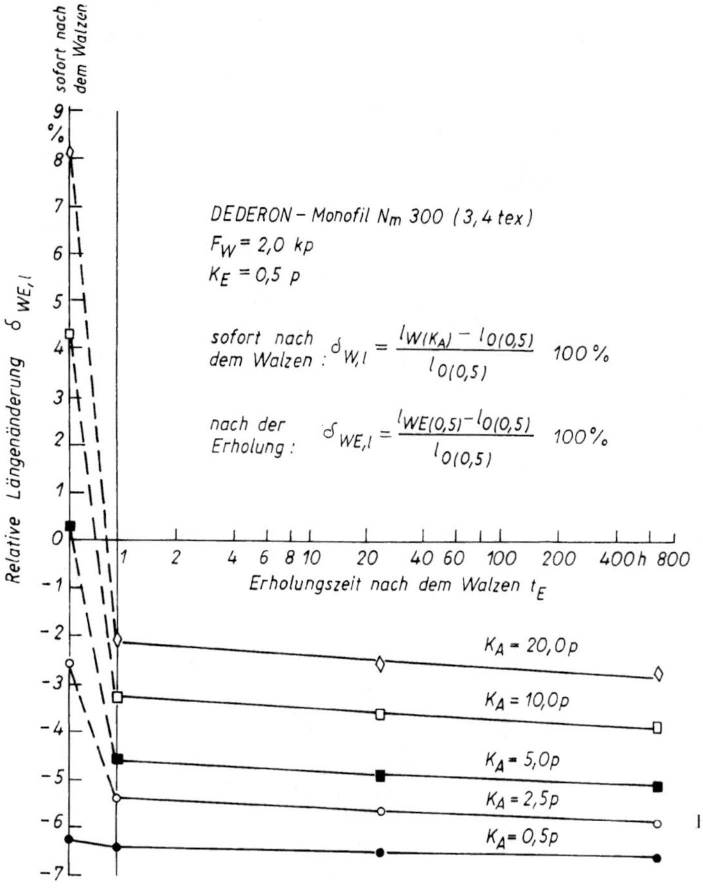

Bild 5. Relative Längenänderung durch Walzen und eine anschließende spannungslose Erholung (Parameter: Auslaufzugkraft)

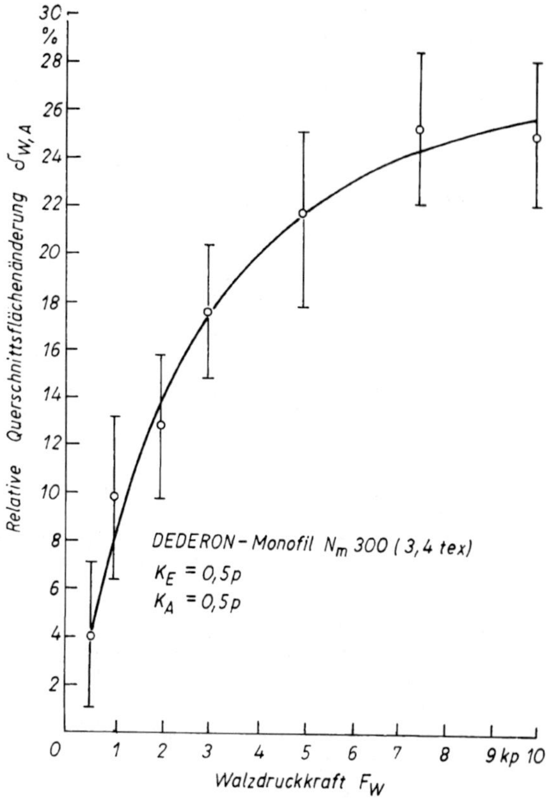

Bild 6. Relative Querschnittsflächenänderung durch Walzen in Abhängigkeit von der Walzdruckkraft

so starke Zerstörung verursacht, daß der Faden nur noch einen äußerst geringen Zusammenhalt besitzt.

Einen erheblichen Einfluß auf die Ergebnisse von Walzversuchen hat die Auslaufzugkraft. Durch den sehr labilen Zustand des Fadens unmittelbar nach Austritt aus dem Walzspalt sind bereits relativ niedrige Zugkräfte in der Lage, den Faden beträchtlich zu dehnen. Bild 4 zeigt die relativen Längenänderungen in Abhängigkeit von der Auslaufzugkraft, wobei die Längenmessungen vor dem Walzen unter 0,5 p Zugkraft und nach dem Walzen unter der jeweiligen Auslaufzugkraft durchgeführt wurden. Die Dehnungen, die durch Auslaufzugkräfte über 0,5 p verursacht werden, sind aber zu einem Teil elastisch. In Bild 5 sind die relativen Längenänderungen von Fäden, die mit 2,0 kp Druckkraft und verschiedenen Auslaufzugkräften gewalzt wurden, in Abhängigkeit von der Zeit dargestellt, in der sich die Fäden nach dem Walzen spannungslos erholen konnten. Außerhalb der Ordinate sind die unmittelbar nach dem Walzen unter der Wirkung der Auslaufzugkraft ermittelten Längenänderungen aufgetragen. Danach erfährt z. B. ein Faden unter einer Auslaufzugkraft beim Walzen von 20 p eine Verlängerung um etwa 8%. Nach dem Aufheben der Auslaufzugkraft verkürzt sich der gewalzte Faden und wird um etwa 2% kürzer als vor dem Walzen.

3.2. *Querschnittsflächenänderungen*

Die Querschnittsfläche der monofilen Polyamidseide wird durch das Walzen vergrößert. Aus Bild 6 ist zu entnehmen, daß diese Flächenvergrößerung mit der Walzdruckkraft ansteigt und Werte bis zu etwa 26% erreicht. Bei höheren Auslaufzugkräften sind die Querschnittsflächenzunahmen etwas niedriger (Bild 7).

3.3. *Änderungen der Querschnittsform und der Längsansicht*

Durch das Walzen wird eine Querschnittsverformung der monofilen Seide hervorgerufen. Der ursprünglich

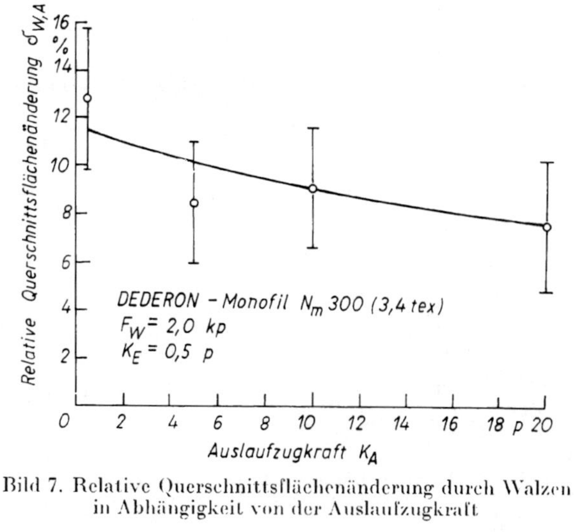

Bild 7. Relative Querschnittsflächenänderung durch Walzen in Abhängigkeit von der Auslaufzugkraft

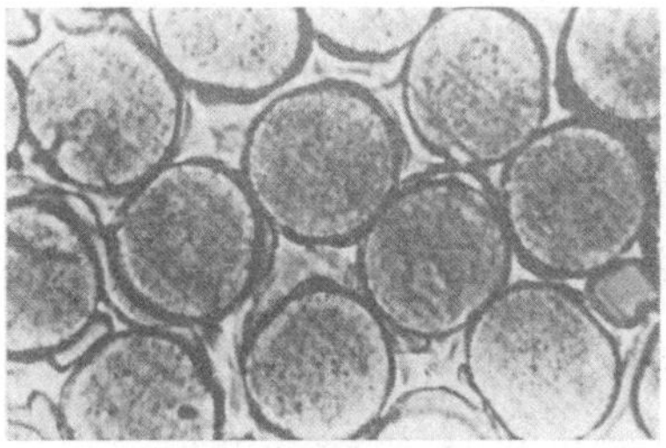

Bild 8a. Nicht gewalzt

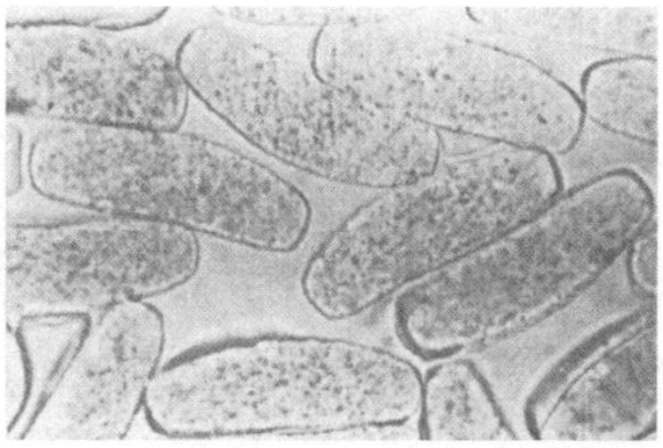

Bild 8b. $F_W = 3{,}0$ kp

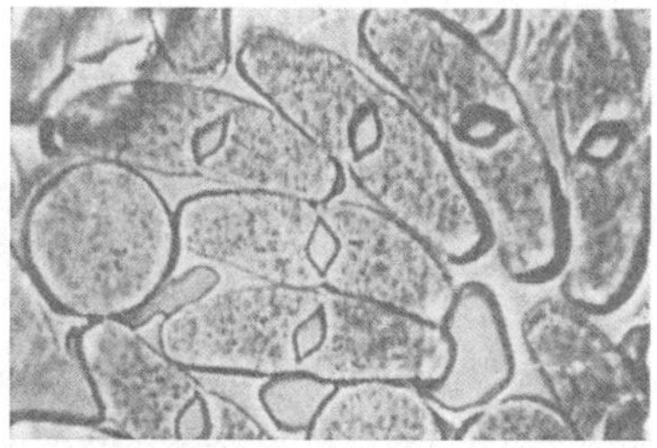

Bild 8c. $F_W = 5{,}0$ kp

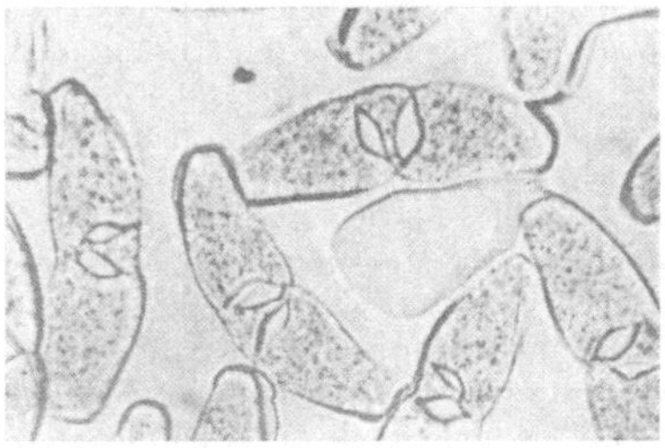

Bild 8d. $F_W = 10{,}0$ kp

Bild 8a bis d. Querschnittsform von monofiler Polyamidseide vor und nach dem Walzen ($K_E = K_A = 0{,}5$ p). Abbildungsmaßstab 200:1

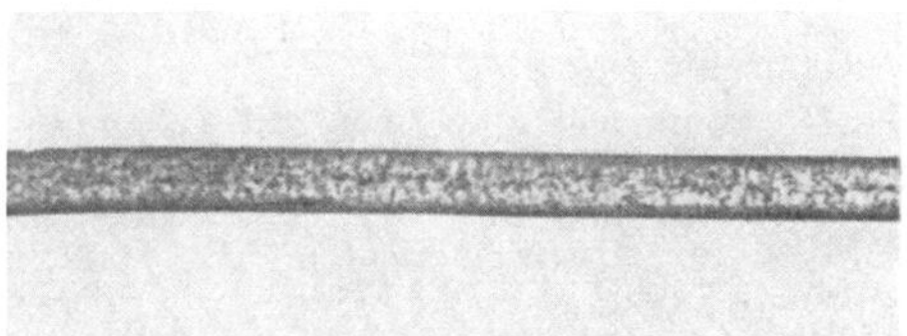

Bild 9a. Nicht gewalzt

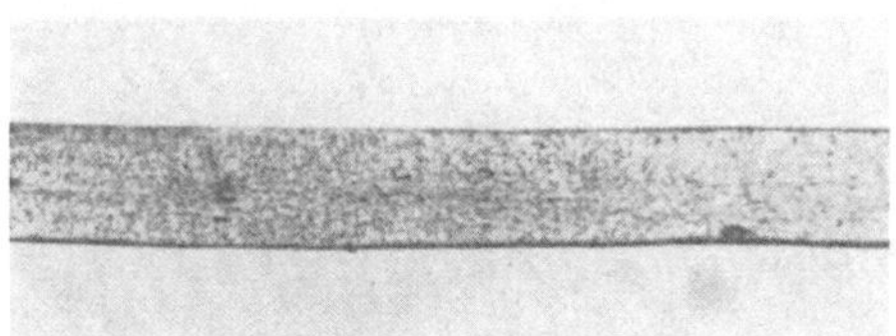

Bild 9b. $F_W = 3{,}0$ kp

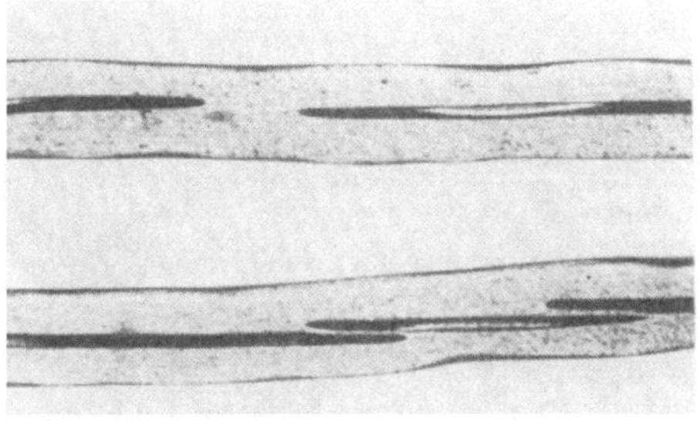

Bild 9c. $F_W = 5{,}0$ kp

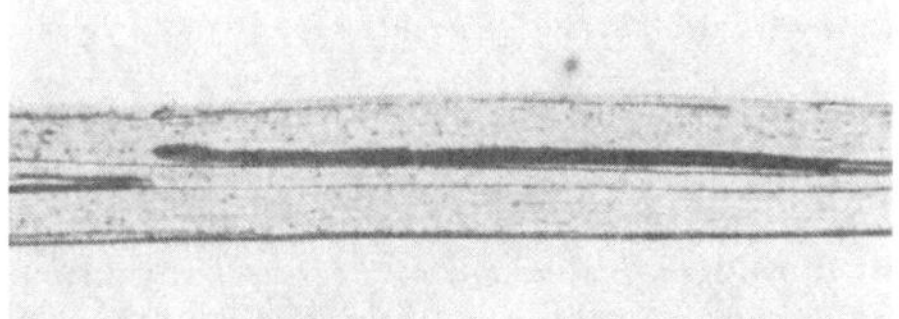

Bild 9d. $F_W = 10{,}0$ kp

Bild 9a bis d. Längsansicht von monofiler Polyamidseide vor und nach dem Walzen ($K_E = K_A = 0{,}5$ p). Abbildungsmaßstab 75:1

kreisförmige Querschnitt wird ellipsenförmig, wobei sich das Verhältnis von großer zu kleiner Halbachse mit steigender Walzdruckkraft vergrößert. In den Bildern 8a bis 8d sind die mikroskopisch vergrößerten Querschnitte von nichtgewalzter und gewalzter monofiler Polyamidseide dargestellt. Aus diesen Bildern ist zu entnehmen, daß bei den mit 5,0 kp und höheren Druckkräften gewalzten Fäden außer der Querschnittsverformung Risse im Fadenkern vorhanden sind. Diese Risse sind auf die Wirkung von Schubkräften zurückzuführen und haben im Moment ihrer Entstehung im Walzspalt eine Neigung von 45° zur Richtung der wirkenden Druckkraft. Die geringere Neigung der Risse zur Richtung der beim Walzen wirksam gewesenen Druckkraft in den Bildern 8c und 8d ist auf bereits zurückgegangene elastische Anteile der Querschnittsverformung zurückzuführen.

Ein Einfluß der Auslaufzugkraft auf die Querschnittsverformung konnte nicht festgestellt werden.

Entsprechend der Querschnittsverformung ändert sich auch die mikroskopische Längsansicht der monofilen Polyamidseide durch das Walzen (Bilder 9a bis 9d). Bemerkenswert ist, daß die entstandenen Risse im Fadenkern nicht kontinuierlich verlaufen, sondern unterbrochen und versetzt sind (Bild 9c und 9d).

Auf Grund des kreisförmigen Querschnitts der monofilen Polyamidseide wird beim Walzen die Querschnittsmitte stärker durch Druck beansprucht als die nach den offenen Seiten im Walzspalt liegenden Randzonen. Dadurch wird der mittlere Bereich am stärksten verkürzt, und die weniger verkürzten Randgebiete erfahren zwangläufig eine Fältelung, die in der mikroskopischen Längsansicht (senkrecht zur Druckrichtung) in Bild 10 deutlich sichtbar ist. Bei der Betrachtung der Längsansicht parallel zur Druckrichtung im Polarisationsmikroskop zwischen gekreuzten Polarisatoren und bei Diagonallage zeigen sich auf Grund dieser Fältelung inselförmige Änderungen der Interferenzfarben (Bild 11), da sich die Objektdicke in Strahlrichtung ändert.

Bild 10. Längsansicht von gewalzter monofiler Polyamidseide senkrecht zur Druckrichtung ($F_W = 10{,}0$ kp, $K_E = K_A = 0{,}5$ p). Abbildungsmaßstab 75:1

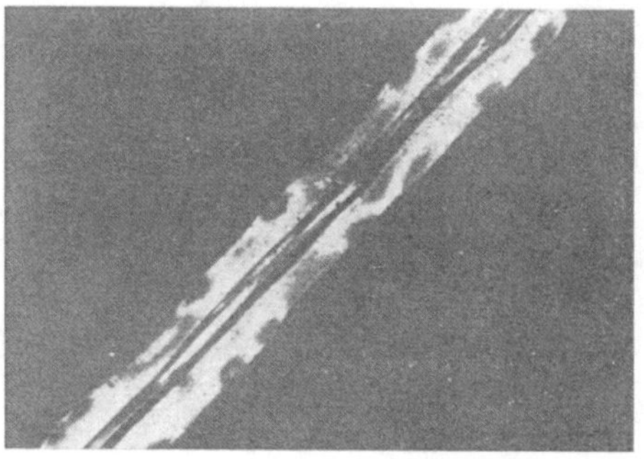

Bild 11. Längsansicht von gewalzter monofiler Polyamidseide ($F_W = 10,0$ kp, $K_E = K_A = 0,5$ p) in Diagonallage unter einem Polarisationsmikroskop zwischen gekreuzten Polarisatoren. Abbildungsmaßstab 75:1

3.4. *Kräuselung*

Durch einen Zusatzantrieb für die Druckwalzen des im Abschnitt 2 erläuterten Fadenwalzgerätes konnten Antriebs- und Druckwalze mit unterschiedlichen Umfangsgeschwindigkeiten angetrieben werden. Die monofile Polyamidseide wird dadurch beim Walzen nicht allein durch Druck beansprucht, sondern auch einseitig durch Gleitreibung erwärmt. Auf diese Weise werden die beiden Fadenhälften (über den Querschnitt betrachtet) unterschiedlich verkürzt, wodurch eine spiralförmige Kräuselung des Fadens eintritt (Bild 12).

Bild 12. Kräuselung von gewalzter monofiler Polyamidseide

4. *Zusammenfassung*

An einer monofilen Polyamid-6-Seide (DEDERON) wurde festgestellt, welche Formänderungen bei einer Druckbeanspruchung durch Walzen eintreten. Der Faden wurde auf einem speziellen Walzgerät zwischen gehärteten Stahlwalzen auf Druck beansprucht. Es wurden die Druckkraft und die nach dem Austritt aus dem Walzspalt auf den Faden wirkende Zugkraft (Auslaufzugkraft) variiert. Die Versuche ergaben, daß durch die Druckbeanspruchung beim Walzen eine Verkürzung und eine Querschnittsflächenvergrößerung der monofilen Polyamidseide eintritt. Der ursprünglich kreisförmige Querschnitt wird ellipsenförmig. Der Fadenkern reißt bei höheren Druckkräften auf, wobei kleine lumenartige Hohlräume im Faden entstehen. Durch eine Differenz in den Umfangsgeschwindigkeiten der Antriebs- und Druckwalze wird der Faden beim Walzen gekräuselt.

Literatur

[1] *Päßler, H.:* Zum Verhalten von Fäden bei Druckbeanspruchungen durch Walzen. Dissertation, Technische Universität Dresden 1966.
[2] *Bobeth, W.:* Zum Quetschverhalten der Textilien. Dt. Textiltechnik **7** (1957) S. 153–158.
[3] *Bobeth, W.:* Zur Nutzanwendung hoher Drücke in der Spinnerei. Dt. Textiltechnik **14** (1964) S. 118–127.

Eingegangen am 13. Mai 1968

Nutzung der Elektroanalogie zur Analyse der Beanspruchung gewebter Flächengebilde[1)]

Horst Rothe

Deutsche Akademie der Wissenschaften zu Berlin, Institut für Technologie der Fasern in Dresden

DK 677.61:621.867.2:530.17:539.412:539.431.2

Es wird über den Aufbau eines elektroanalogen Netzwerkes zur Beanspruchungsanalyse gewebter Flächengebilde berichtet. Ferner werden entsprechende Meß- und Auswertungsmethoden diskutiert und dargelegt.

Применение электрической аналогии для анализа нагрузки тканей

Приведены данные о построении электроаналогической сети для анализа нагрузки тканей. Кроме того изложены и обсуждены соответствующие методы измерения и обработки данных.

Utilization of Electrical Analogues for Analysing the Stress Imposed on Woven Fabrics

The structure of electrical networks reflecting the stress imposed to woven fabrics is reported. Corresponding measuring and evaluating techniques are described and discussed.

1. *Einleitung*

Die Elektroanalogie, die ursprünglich insbesondere zur Untersuchung spezieller Feldprobleme der Strömungstechnik entwickelt wurde [1] und heute auch bereits in der Wärmetechnik und Festigkeitsmechanik angewandt wird [2], reicht in ihrer Anwendbarkeit noch wesentlich weiter [3].

Obwohl ihre Bedeutung in den letzten Jahren sehr gewachsen ist und sie immer mehr den Charakter einer Querschnittswissenschaft gewinnt [4], sind zur Untersuchung textiler Feldprobleme — beispielsweise zur Beanspruchungsanalyse von Geweben bzw. daraus hergestellter Flächengebilde, wie Fördergurte mit Gewebeeinlagen — noch keine Anwendungen bekannt geworden [5]. Lediglich zur Simulierung des viskoelastischen Verhaltens von Fasern wurden Untersuchungen an elektrischen Modellen durchgeführt [6 bis 8].

[1)] Auszug aus der Dissertation des Verfassers „Über die Beanspruchung von Fördergurten mit Gewebeeinlagen beim Zugversuch", TU Dresden, Fakultät Technologie, 1967; Referenten: Prof. Dr.-Ing. habil. *W. Bobeth* und Prof. Dr.Ing. habil. *H. Perner*. Weitere in sich abgeschlossene Auszüge folgen.

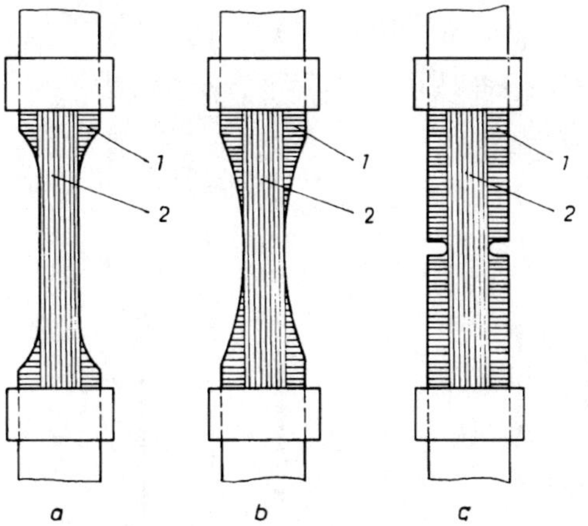

Bild 1. Charakteristische Prüfstabformen
(Die zerschnittenen Fäden bilden „Randzonen" (1), während die in der Prüfbreite vorhandenen Fäden von einer Einspannklemme zur anderen durchgehen (2)).
a) DIN-Stab
b) Stab mit großen Radien
c) Stab mit kleinen Radien (Kerbstab)

Die elektroanalogen Untersuchungsmethoden, über die in vorliegender Arbeit berichtet wird, dienten zum Klären spezieller Probleme, die bei der Beanspruchung von Fördergurten mit Gewebeeinlagen beim Zugversuch aufgetreten waren; sie sind jedoch auf dieses Sondergebiet der Textilprüfung nicht beschränkt, sondern es lassen sich damit auch Beanspruchungen anderer gewebter Flächengebilde analysieren. Außerdem ist die Methode selbst noch modifizierbar und erweiterungsfähig. Zum besseren Verständnis dieser speziell entwickelten elektroanalogen Untersuchungsmethoden seien die zu klärenden Probleme im folgenden kurz dargelegt.

Der Einsatz von Chemieseiden als zugtragendes Material für Fördergurte führte in den vergangenen Jahren zu immer höheren Gurtfestigkeiten. Parallel dazu nahmen aber auch die Schwierigkeiten bei der Prüfung dieser Gurte auf Zugfestigkeit zu. Vor allem wurde die Krafteinleitung problematisch, und der Bruch erfolgte nicht mehr innerhalb der Meßstrecke des bislang hierfür üblichen „DIN-Stabes"[2]) [9] (Bild 1 a). Mit dem Ziel, diese Schwierigkeiten zu überwinden, wurde u. a. die Prüfstabform modifiziert. Insbesondere kam es auf den Übergang von der Prüfbreite zu den Einspannköpfen an, wobei neben großen Radien (Bild 1 b) auch kleine, d. h. Kerbstäbe (Bild 1 c) vorgeschlagen wurden. Diese Prüfstäbe, zu denen noch weitere hinzukommen, haben gleiche Prüfbreite, gleiche Gesamtbreite und auch gleiche Einspannlänge; sie unterscheiden sich nur durch Größe und Form der „Randzonen" (in Bild 1 waagerecht schraffiert).

Im Zusammenhang mit den Bemühungen um günstigere Prüfstabformen wurden auch Vorstellungen über den Kraftlinienverlauf in einem zugbeanspruchten DIN-Stab dargelegt [10, 11]. Danach erfolge bei Fördergurt — im Gegensatz zu Stahl — eine Kraftübertragung nur durch die in der Prüfbreite vorhandenen Fäden, wohingegen die übrigen zerschnittenen Fäden, die die Einspannköpfe bilden, an der Kraftübertragung unbeteiligt seien. Diese Ansichten standen zu Untersuchungsergebnissen anderer Autoren — und auch zu eigenen Beobachtungen — im Widerspruch, weshalb eine grundsätzliche Klärung angestrebt wurde. Hierzu diente die Elektroanalogie als Hilfsmittel. Ohne auf weitere Einzelheiten einzugehen, sei die bearbeitete Problematik kurz angedeutet: Es war die Aufgabe gestellt, die Zugkraftverteilung an den Einspannklemmen, die Dehnungsverteilung sowie das Bruchverhalten in Abhängigkeit von der Prüfstabform zu untersuchen.

[2]) Eine Bezeichnung „TGL-Stab" konnte sich bisher nicht einführen.

2. *Zweckentsprechende Abstraktion und Idealisierung der Eigenschaften der zu untersuchenden Objekte*

Ein Fördergurtprüfstab ist bekanntlich ein dreidimensionales Gebilde: Er ist flächenhaft und aus mehreren Gewebeeinlagen aufgebaut. Diese besitzen die gleiche Form und liegen auch deckungsgleich übereinander. Die Zwischengummierung verhindert, daß die einzelnen Einlagen bei einer Verformung des Prüfstabes sich frei bewegen können. Aus diesem Grunde ist eine zweidimensionale Betrachtungsweise möglich.

Zeichnet man auf einen Fördergurtprüfstab ein Rasternetz auf, so lassen sich bei einer Zugbeanspruchung Verzerrungen beobachten. Im Vergleich dazu wird ein Fördergurt so betrachtet, als ob er aus vielen kleinen „Rasterelementen" zusammengesetzt sei. Jedes Rasterelement soll Zug- und Schubbeanspruchungen aufnehmen können, sich dabei elastisch verhalten und linear verformbar sein, d. h. einen Elastizitätsmodul und einen Schubmodul besitzen. Das Verhalten von Fördergurten mit Gewebeeinlagen aus Chemieseiden, die auch bei mehrmaliger Beanspruchung bis zu $^2/_3$ der Nennbruchlast keine nennenswerte bleibende Dehnung zeigen, berechtigten zu dieser Idealisierung.

Im Hinblick auf die vorgesehene Art der Nutzung der Elektroanalogie wurde ein Fördergurt als „Netzmodell" aufgefaßt (Bild 2), d. h. zweckentsprechend abstrahiert. „Glieder" symbolisieren dabei die zugelastischen und „Brücken" die schubelastischen Eigenschaften der Rasterelemente. Durch „Perlen" sind Glieder und Brücken unter- und miteinander verbunden, wobei die in Reihe geschalteten Glieder als „Ketten" bezeichnet werden.

Wie in Bild 2b hervorgehoben ist, besitzt ein Netzelement die Form eines Doppel-T. Eine andere Möglichkeit der Zuordnung des Netzmodells zum Rasernetz — und somit der Form eines Netzelementes — wurde in [12] beschrieben; grundsätzlich gibt es aber bei einer symmetrischen Zuordnung vier Möglichkeiten. Sie unterscheiden sich hinsichtlich eines „Randeffektes",

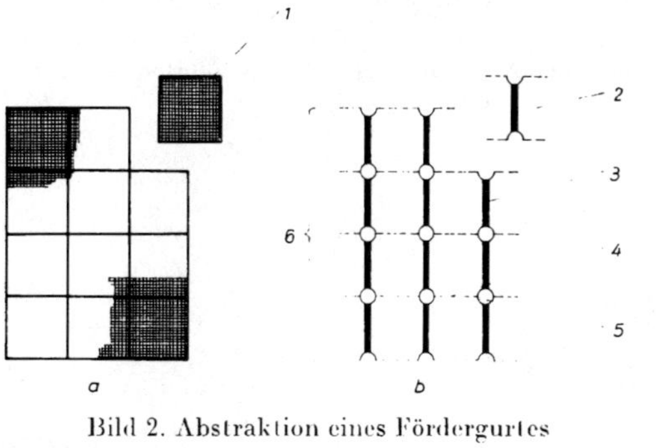

Bild 2. Abstraktion eines Fördergurtes
a) Fördergurt in der Draufsicht, gerastert
(Die Kreuzschraffur deutet die Fadensysteme der Einlagengewebe an)
b) Netzmodell
1 Rasterelement
2 Netzelement
3 Glied
4 Brücke
5 Perle
6 Kette

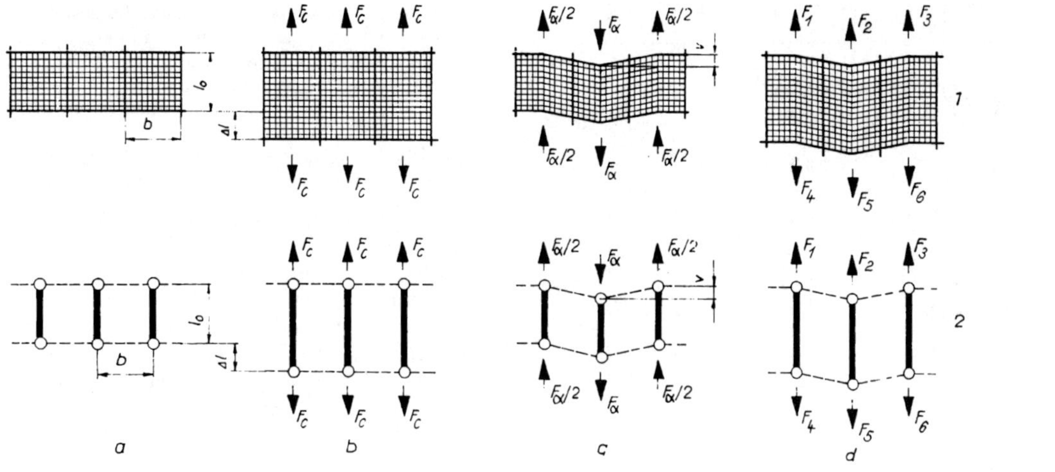

Bild 3. Verformung von Raster- und Netzelementen
1 Rasterelement; 2 Netzelement
a unbeansprucht; b nur auf Zug beansprucht; c nur auf Schub beansprucht; d auf Zug und Schub beansprucht

dessen Einfluß jedoch mit der Feinheit der Rasterung abnimmt, und der für die zu untersuchenden Probleme von sekundärer Bedeutung war. Ohne näher darauf einzugehen, sei hier nur vermerkt, daß die gewählte Art, bei der ein Netzelement die Form eines Doppel-T besitzt, hinsichtlich des Aufbaus der elektroanalogen Netzwerke und der Auswertung der Meßwerte die günstigste Lösung darstellt.

Die Verformung von Raster- und Netzelementen unter dem Einfluß äußerer Kräfte veranschaulicht Bild 3 schematisch. Bei (reiner) Zugbeanspruchung dehnen sich die Glieder um Δl, während eine (reine) Schubbeanspruchung die Perlen um v verschiebt, und im allgemeinen Fall überlagern sich beide Beanspruchungen (Bild 3d).

Aus dem *Hooke*schen Gesetz läßt sich für eine Zugbeanspruchung ableiten: $F_c = c \cdot \Delta l$, und dementsprechend für eine Schubbeanspruchung: $v = \alpha \cdot F_\alpha$. Dabei sind Länge, Breite und Dicke eines Rasterelementes sowie der Elastizitätsmodul bzw. der Schubmodul zur „Federsteifigkeit" c bzw. zur „Federweichheit" α zusammengefaßt worden.

Eine anschauliche Vorstellung von der Verformbarkeit der Netzelemente kann erhalten werden, wenn man beispielsweise die Glieder als Zugfedern und die Brücken als Blattfedern auffaßt.

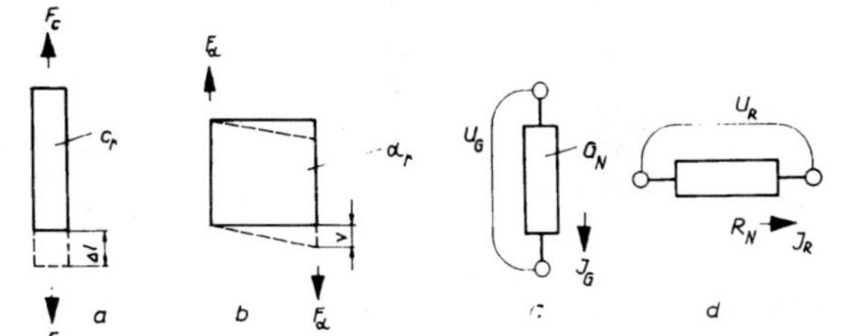

Bild 4. Zur Analogie zwischen mechanischen und elektrischen Größen

a Zugfeder
b Schubfeder
c Leiter
d Widerstand

3. *Analogie zwischen mechanischen und elektrischen Größen*

Auf mechanischem Gebiet sind nach dem *Hooke*schen Gesetz Kraft und Verformung einander proportional; ebenso verhalten sich auf elektrischem Gebiet Strom und Spannung nach dem *Ohm*schen Gesetz. Den hierzu in Bild 4 gezeigten Prinzipdarstellungen entsprechen folgende vier Gleichungen:

auf *mechanischem* Gebiet — auf *elektrischem* Gebiet

$$F_c = c_r \cdot \Delta l \qquad I_G = G_N \cdot U_G \qquad (1;3)$$

$$v = \alpha_r \cdot F_\alpha \qquad U_R = R_N \cdot I_R \qquad (2;4)$$

In beiden Fällen handelt es sich um Geradengleichungen ohne Absolutglied und mit c_r bzw. α_r im einen und G_N bzw. R_N im anderen Falle als Richtungsfaktor[3]). Diese werkstoff- und konstruktionsabhängigen Konstanten stellen hinsichtlich ihrer Dimension jeweils Reziprokwerte dar. Da sie aber unterschiedliche Eigenschaften ausdrücken sollen, ist eine formal mögliche Umrechnung unsinnig, weshalb in vorliegender Arbeit gilt: $\alpha_r \neq 1/c_r$ und dementsprechend auch $G_N \neq 1/R_N$.

[3]) Die Indizes r und N deuten auf „Raster"- bzw. „Netzwerks"-Element hin.

Tabelle 1. Rechenregeln für das Hintereinander- und Parallelschalten von Zugfedern, Schubfedern, Widerständen und Leitern

		hintereinander	parallel
mechanisch	Zugfeder	$1/c_{ers} = \sum_1^n 1/c_n$	$c_{ers} = \sum_1^n c_n$
	Schubfeder	$\alpha_{ers} = \sum_1^n \alpha_n$	$1/\alpha_{ers} = \sum_1^n 1/\alpha_n$
elektrisch	Widerstand	$R_{ers} = \sum_1^n R_n$	$1/R_{ers} = \sum_1^n 1/R_n$
	Leiter	$1/G_{ers} = \sum_1^n 1/G_n$	$G_{ers} = \sum_1^n G_n$

Tabelle 2. Analogie zwischen mechanischen und elektrischen Größen

mechanisch			elektrisch	
Kraft (Zug-)	F_c	≙	Stromstärke	I_G
Kraft (Schub-)	F_α	≙	Stromstärke	I_R
Verlängerung	Δl	≙	Spannung	U_G
Verschiebung	v	≙	Spannung	U_R
Federsteifigkeit	c_r	≙	Leitwert	G_N
Federweichheit	α_r	≙	Widerstand	R_N

Tabelle 3. Zahlenschema zur Kennzeichnung der Glieder eines Netzwerkes

allgemein	auf Bild 6 bezogen		
11 ... i1 ... m1	11	21	31
⋮ ⋮ ⋮	12	22	32
1j ... ij ... mj	13	23	33
⋮ ⋮ ⋮			
1n ... in ... mn	14	24	34

Für die angestrebte Analogie war die Zuordnung der sechs mechanischen Größen c_r, α_r, F_c, F_α, Δl und v zu den sechs elektrischen Größen G_N, R_N, I_G, I_R, U_G und U_R zu finden. Dazu diente ein Vergleich der Gesetzmäßigkeiten für die Hintereinander- und die Parallelschaltung von Zug- und Schubfedern sowie Widerständen und Leitern. Die Ergebnisse zeigt Tabelle 1, aus der hervorgeht, daß ganz allgemein für c und G einerseits und für α und R andererseits die gleichen Rechenregeln gelten. Demnach sind die Formeln $F_c = c_r \cdot \Delta l$ und $I_G = G_N \cdot U_G$ sowie $v = \alpha_r \cdot F_\alpha$ und $U_R = R_N \cdot I_R$ einander direkt analog[4]). Daraus läßt sich ableiten, daß grundsätzlich Kräfte und Stromstärken sowie Verformungen und (elektrische) Spannungen einander entsprechen (siehe Tabelle 2).

4. *Aufbau des angewandten elektroanalogen Netzwerkes*

4.1. *Gegenüberstellung von mechanischem Netzmodell und elektroanalogem Netzwerk*

Auf Grund der dargelegten Analogie (Tabelle 2) lassen sich Netzmodelle elektroanalog nachbilden. Sie stellen dann „Netzwerke"[5]) dar, die aus einzelnen Elementen, den „Netzwerkselementen", aufgebaut sind (Bild 5).

[4]) Es wäre auch eine „indirekte Analogie" möglich, jedoch wurden in ihrer diesbezüglichen Anwendung keine Vorteile gesehen.

[5]) In diesem Zusammenhang werden mit „Netzwerk" Zusammenschaltungen von passiven elektrischen Bauelementen bezeichnet, die mindestens zwei äußere Anschlußklemmen (Pole) aufweisen. Es lassen sich damit modellartig rechnerische Zusammenhänge darstellen, wobei die gesuchten Größen nach den *Kirchhoff*schen Regeln als Ströme oder Spannungen auftreten und ausgemessen werden.

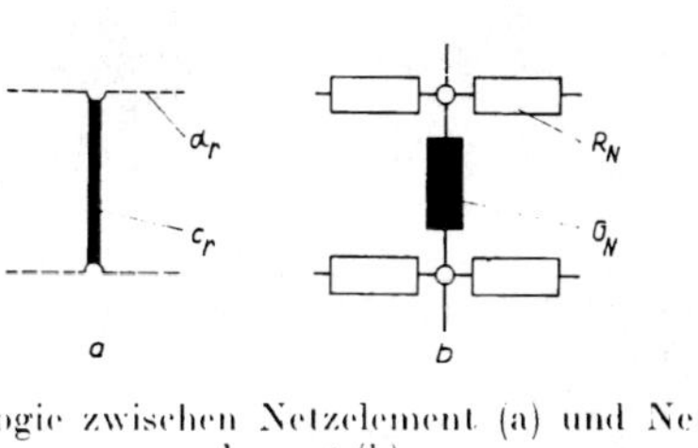

Bild 5. Analogie zwischen Netzelement (a) und Netzwerkselement (b)

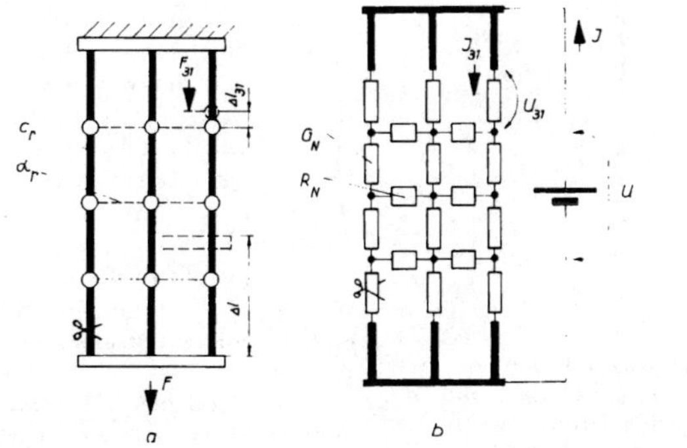

Bild 6. Vergleichende Gegenüberstellung von Netzmodell (a) und Netzwerk (b)

Bild 6 zeigt ein (mechanisches) Netzmodell im Vergleich zu einem (elektroanalogen) Netzwerk. Die Funktion der „Perlen" übernehmen „Knotenpunkte", und die Einspannklemmen werden durch „Pole" ersetzt. Die Bezeichnungen „Glied", „Kette" und „Brücke" bleiben erhalten.

Im dargestellten Netzwerk (Bild 6b) sind zunächst noch keine Glieder zerstört, d. h., alle Ketten verlaufen von einem Pol zum anderen. Wenn sämtliche Glieder den gleichen Leitwert G_N besitzen, wie dies für die untersuchten Objekte erforderlich war, dann fallen über ihnen gleiche Spannungen ab, und die Brücken sind stromlos. Sie könnten entfernt werden, ohne in den Gliedern irgendwelche Veränderungen zu bewirken. Wird jedoch beispielsweise eines der Glieder zerstört — zeichnerisch wurde dies durch eine Schere angedeutet — oder diese Form des Netzwerkes ist von vornherein vorhanden, so kommt es in den Gliedern zu einer veränderten Strom- und Spannungsverteilung, wobei dann Ströme auch über die Brücken fließen.

Da für die gestellten Probleme vorwiegend diejenigen Veränderungen interessieren, die in Richtung der Zugkraft eines Prüfstabes, d. h. in den Gliedern, vor sich gehen — und vorliegende Arbeit bezieht sich nur darauf —, wurden auch die zur Bezeichnung erforderlichen Indizes im Hinblick darauf festgelegt. Tabelle 3 zeigt ein entsprechendes Zahlenschema, das mit *1 ... i ... m für die Ketten* und mit *1 ... j ... n für die Glieder* links oben beginnt, wobei der Strom in senkrechter Richtung fließen soll. Danach bezeichnen I_{Gij} und U_{Gij} die Stärke des durch ein Glied ij fließenden Stromes bzw. die darüber abfallende Spannung. Zur Vereinfachung der Schreibweise soll im folgenden der Index G entfallen, d. h. es ist $I_{ij} = I_{Gij}$ und $U_{ij} = U_{Gij}$.

Nach dem *Kirchhoff*schen Knotenpunktsatz läßt sich die (Gesamt-)Stromstärke I aus einer Addition der (Teil-)Stromstärken I_{ij} berechnen, die in einem senkrecht zur Stromrichtung betrachteten Querschnitt auftreten. Weiterhin ist nach dem Maschensatz die Gesamtspannung U die Summe der (Teil-)Spannungen U_{ij} längs einer Kette:

$$I = \sum_{\substack{i=1\\ j=konst}}^{m} I_{ij}; \qquad U = \sum_{\substack{i=konst\\ j=1}}^{n} U_{ij} \qquad (5;6)$$

4.2. *Bauelemente für den Aufbau des Netzwerkes*

Es wurde angestrebt, das Netzwerk aus einfachen Mitteln und so aufzubauen, daß es sich mit geringem Arbeitsaufwand verändern läßt. Deshalb kamen handelsübliche Widerstände und das Anwenden von Lötverbindungen nicht in Betracht.

Angeregt durch Arbeiten von *M. Hackeschmidt* [13], wurden die Glieder und Brücken aus einem (elektrisch) leitfähigen Papier, das als „Funkenregistrierpapier" im

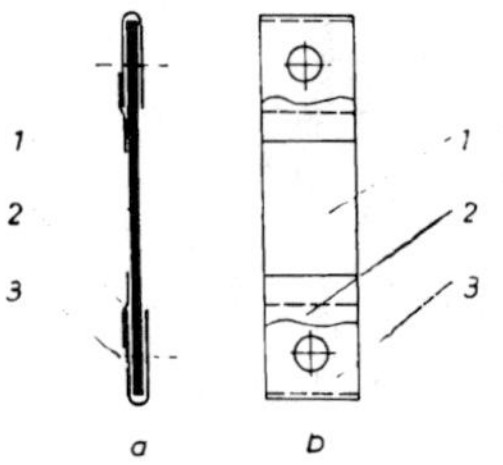

Bild 7
Widerstandselement im Querschnitt (a) und in der Draufsicht (b)
1 leitfähiges Papier
2 leitende Lackschicht
3 Metallfolie

Handel ist[6]), selbst angefertigt. Diese Bauelemente für den Aufbau der Netzwerke werden im folgenden als „Widerstandselemente" bezeichnet. Bei ihrem Einsatz als Glieder wird der Leitwert G_N in mS und als Brücken der Widerstand R_N in kΩ angegeben. Bild 7 zeigt den prinzipiellen Aufbau und Bild 8 einige Widerstandselemente in der Ansicht.

Aus Funkenregistrierpapier geschnittene Streifen wurden an den Enden mit Aluminiumfolie beklebt, um eine gut leitende Verbindung zur Unterseite zu erhalten. Ein elektrisch gut leitender Lack — „Leitsilber"[7]) genannt — bildet die Verbindung zwischen Aluminiumfolie und dem Papier, und er begrenzt gleichzeitig die als Widerstand wirkende Länge des Papierstreifens. Durch Variieren dieser Länge sowie der Breite und des spezifischen Widerstandes, d. h. der Papierart, ist es möglich, unterschiedliche Widerstandselemente herzustellen. Bestimmte Widerstandswerte sind von vornherein nur annähernd erreichbar. Das Abgleichen erfolgte durch Verkürzen der Länge mittels Leitsilber (= Widerstandsverminderung) oder durch Vermindern der Breite (= Widerstandserhöhung). Auf diese Weise war eine Toleranz von $\pm 4\%$ ohne Schwierigkeiten einzuhalten.

Zum Aufbau eines Netzwerkes sind die Widerstandselemente in geeigneter Weise zu verbinden. Die Verwendung handelsüblicher Druckknöpfe hat sich dafür als vorteilhaft erwiesen. Zu diesem Zweck wurden die Widerstandselemente im Bereich der Metallfolie in gleichen Abständen (30 mm) gelocht und Druckknopfunterteile in diesem Rastermaß auf einer Unterlage (Millimeterpapier) befestigt. Sie stellen die Knotenpunkte dar. Für eine Verbindung sind dann nur die Widerstandselemente (bis zu 4 Stück) auf den Kopf eines Unterteiles aufzureihen und ein Oberteil aufzudrücken. Diese Verfahrensweise gestattet es, innerhalb weniger

[6]) Hersteller: VEB Buntpapierwerke, Flöha/Sa., zu beziehen über VEB Diagrammdruck, Quedlinburg/Harz; dieses Papier wurde für den Einsatz in Echolotgeräten entwickelt.

[7]) Typ 200, Hersteller: Fa. DEGUSSA, Frankfurt/Main.

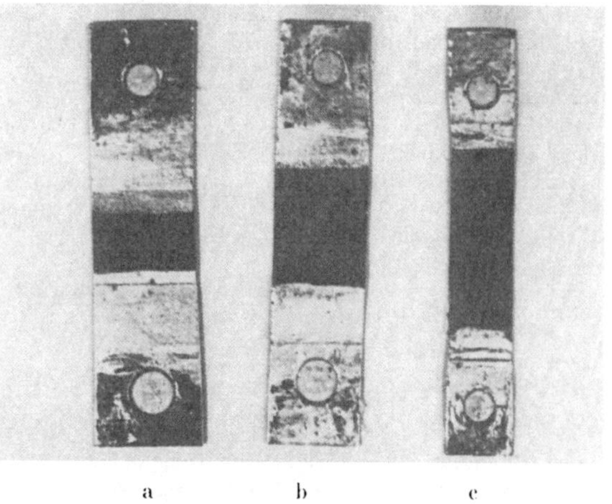

a b c

Bild 8. Beispiel für die Gestaltung unterschiedlicher Widerstandselemente aus dem gleichen leitfähigen Papier
a $R_N = 3{,}0$ kΩ (≙ 1/3,0 mS)
b $R_N = 6{,}0$ kΩ (≙ 1/6,0 mS)
c $R_N = 12{,}0$ kΩ (≙ 1/12,0 mS)

Bild 9. Teilansicht eines Netzwerkes, das unter Verwendung von Druckknopfverbindungen aufgebaut wurde
1 Widerstandselement als Glied
2 Widerstandselement als Brücke
3 Knotenpunkt
4 Stromzuführung (Pol)

Sekunden eine funktionssichere elektrisch leitende Verbindung herzustellen. Zur Stromzuführung an den Polen eignet sich Kupferfolie. Bild 9 zeigt einen Teil eines elektroanalogen Netzwerkes, das in der beschriebenen Art aufgebaut wurde.

Die Größe eines Netzwerkes muß den zu untersuchenden Problemen angepaßt sein. Nach Analyse von Breite und Einspannlänge der eventuell nachzubildenden Prüfstäbe und auch im Hinblick auf praktische Gesichtspunkte wurden zwei kombinierbare Grundplatten für je 11 × 17 Knotenpunkte angefertigt. Das sind insgesamt 374 Knotenpunkte, mit denen eine Rasterung von maximal 10 × 32 = 320 Rasterelementen verwirklicht werden kann. Es ist dies ein Kompromiß zwischen dem notwendigen Aufwand und der Aussagekraft der Messungen.

4.3. Elektroanaloge Nachbildung bestimmter Prüfstabformen

Anhand eines „DIN-Stabes" soll das Übertragen der Form in ein Netzwerk erläutert werden. Für die Untersuchungen war nur der zwischen den Klemmen befindliche Mittelteil von Interesse; er wurde in Bild 10a zeichnerisch hervorgehoben.

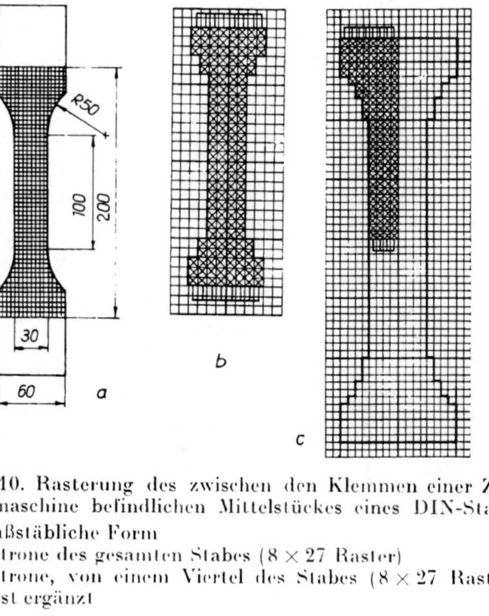

Bild 10. Rasterung des zwischen den Klemmen einer Zugprüfmaschine befindlichen Mittelstückes eines DIN-Stabes
a maßstäbliche Form
b Patrone des gesamten Stabes (8 × 27 Raster)
c Patrone, von einem Viertel des Stabes (8 × 27 Raster), Rest ergänzt

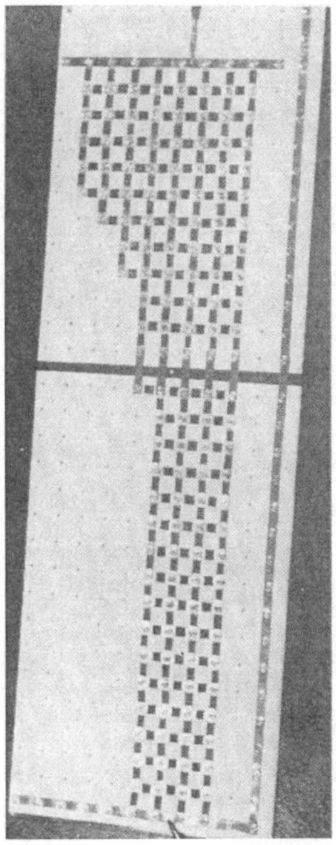

Bild 11. Ansicht eines Netzwerkes — Nachbildung eines 1/4-DIN-Stabes (8 × 27 Raster, 146 Knotenpunkte)

Das Rastern der Prüfstabformen kann zweckmäßigerweise nach Art des Patronierens erfolgen. Für die Gesamtbreite von 60 mm wurden zunächst 8 Ketten gewählt. Augenscheinlich ergibt dies (Bild 10b) eine sehr grobe Abstufung der Konturen.

Wegen der doppeltsymmetrischen Gestalt des DIN-Stabes läßt sich mit einem Netzwerk gleicher Größe und somit bei gleichem Aufwand durch Untersuchung von nur einem Viertel der Form eine feinere Rasterung erzielen. Bild 10c zeigt die entsprechende Patrone. Das danach aufgebaute Netzwerk ist in Bild 11 zu sehen.

5. *Über Messungen am angewandten elektroanalogen Netzwerk*

5.1. *Prinzipielles zu den zu messenden Größen*

Bezeichnet man mit $w = f(x, y)$ die Verlängerung eines beliebigen Punktes eines in x-Richtung auf Zug beanspruchten Fördergurtprüfstabes der Einspannlänge l_0 (Bild 12), dessen (Gesamt-)Verlängerung an der unteren Einspannklemme Δl beträgt, so ist die örtliche Dehnung $\varepsilon = f(x, y)$ die Ableitung dieser Verlängerung nach der in Kraftrichtung verlaufenden Koordinate $\varepsilon = \partial w / \partial x$. Für eine Beanspruchungsanalyse ist ε aussagekräftig, w hingegen nicht.

Das „Äquipotentiometer" — ein für elektroanaloge Messungen entwickeltes Spezialgerät [14] — ist darauf eingerichtet, Potentiale zwischen einem Pol und einem beliebigen Punkt des zu untersuchenden elektroanalogen Modells zu messen. Diese Größen sind jedoch „nur" der Verlängerung w analog, lassen deshalb örtliche Unterschiede, auftretende Spitzenwerte und dergleichen unmittelbar nicht erkennen, weshalb nach einem anderen Meßverfahren gesucht wurde, wozu die nachfolgenden Überlegungen dienten.

Die örtliche Dehnung — im Hinblick auf die Netzwerksmessungen im folgenden mit ε_{ij} bezeichnet — läßt sich näherungsweise aus dem Differenzenquotienten ermitteln: $\varepsilon_{ij} \approx \Delta w / \Delta x$. Wird die Prüflänge in n Glieder unterteilt, so ist $\Delta x = l_0 / n$ und somit konstant, d. h., ε_{ij} ist der Verlängerungsdifferenz Δw proportional. Die zu Δw analoge Größe ist die über dem jeweiligen Glied abfallende Spannung U_{ij}, die es zu messen gilt. Hierzu hat sich ein Röhrenvoltmeter als geeignet erwiesen, dessen Innenwiderstand mehr als das 10^3fache der als Glieder verwendeten Widerstandselemente beträgt, und das somit die Stromverteilung im Netzwerk nicht beeinflußt.

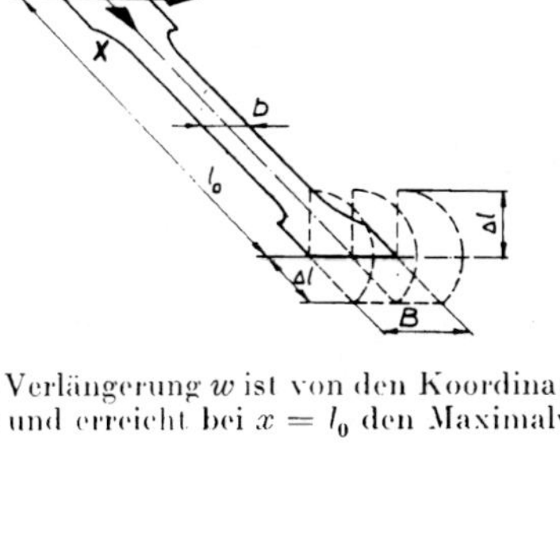

Bild 12. Die Verlängerung w ist von den Koordinaten x und y abhängig und erreicht bei $x = l_0$ den Maximalwert Δl.

Neben den (Teil-)Spannungen U_{ij} interessieren aber auch die (Teil-)Stromstärken I_{ij}, die einen Einblick in die in einem Prüfstab vorliegende Kraftverteilung gestatten. Da eine direkte Strommessung die Stromverteilung im Netzwerk verfälscht, wurde I_{ij} nach dem *Ohm*schen Gesetz aus U_{ij} und dem Leitwert G_N berechnet:

$$I_{ij} = G_N \cdot U_{ij}. \tag{7}$$

Weiterhin sind noch die (Gesamt-)Stromstärke I und die (Gesamt-)Spannung U von Interesse. Diese Größen wurden nur zu Kontrollzwecken gemessen, jedoch zu Auswertungen nicht herangezogen. Diese basieren vielmehr lediglich auf den (Teil-)Spannungen U_{ij}, wodurch es gelang, Gerätefehler auszuschalten.

5.2. *Aufbau des Meßplatzes*

Bild 13 zeigt den Aufbau und das Schaltbild des verwendeten Meßplatzes zum Messen von U_{ij} für die Auswertungen sowie von U und I für Kontrollzwecke.

Die an das Netzwerk (1) angelegte Spannung U wurde Batterien (2) entnommen und über ein Potentiometer (3) eingestellt. Ein Vielfachmeßgerät (4) diente zum Messen von I, während U_{ij} unter Verwendung eines Tasters (6) mit

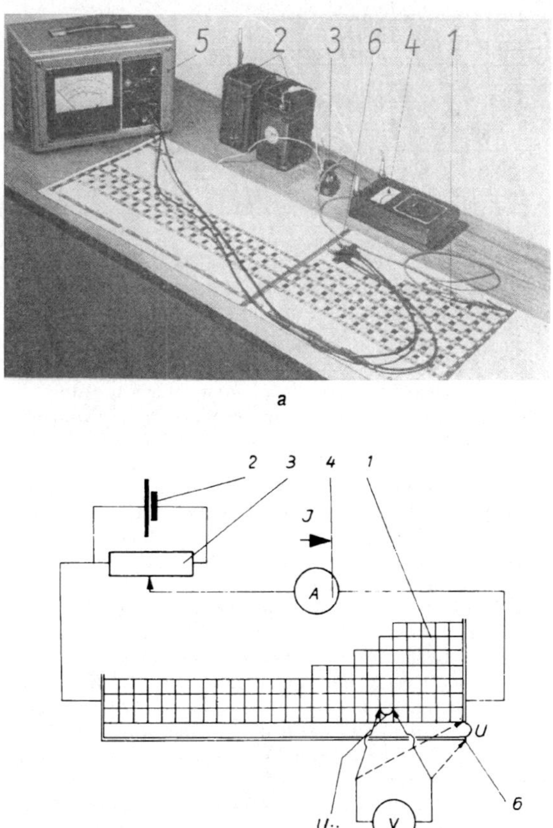

Bild 13. Ansicht (a) und Schaltbild (b) eines Meßplatzes für elektroanaloge Netzwerksmessungen

1 Netzwerk 2 Batterie 3 Potentiometer
4 Strommesser (Vielfachmeßgerät)
5 Spannungsmesser (Röhrenvoltmeter) 6 Taster

$R_N = 25 \pm 1\ k\Omega$ $J/2 \approx 0{,}92\ mA$ **1/4 glatt**
$G_N = 1/1{,}8 \pm 1/0{,}05\ mS$ $U/2 \approx 5{,}4\ V$ **28**
$k = 1{,}8/25 = 0{,}072$ $J/2 = 1{,}606/1{,}8 = 0{,}892\ mA$

j \ i		1	2	3	4	5	6	7	8	$\frac{1}{2}\sum U_{ij}$ j = konst.	
1	U_{ij} in mV	200	200	200	200	200	200	205	205	1610	
2		195	200	200	200	205	200	200	200	1600	
3		195	205	200	200	200	205	200	205	1610	
4		200	200	200	200	200	200	200	200	1600	
5		200	200	200	200	205	200	205	200	1610	
6		205	205	200	200	200	200	200	200	1610	
7		200	205	200	205	205	200	200	205	1620	H +0,9%
8		200	200	200	200	200	205	200	200	1605	
9		200	200	200	205	200	200	205	205	1615	
10		195	200	205	200	200	205	205	200	1610	
11		195	200	200	195	200	200	200	205	1595	T −0,7%
12		200	200	200	205	200	200	205	200	1610	
13		200	205	200	205	205	200	200	200	1615	
14		200	200	200	200	200	200	200	205	1605	
15		200	200	200	205	200	200	200	200	1605	
16		200	200	200	200	200	200	205	200	1605	
17		200	200	200	200	205	200	200	200	1605	
18		200	200	200	200	200	200	200	200	1600	
19		200	200	200	200	200	200	200	200	1600	
20		200	200	200	200	200	200	200	200	1600	
21		200	200	200	200	200	205	200	205	1610	
22		200	200	205	200	205	200	205	200	1615	
23		200	200	200	200	200	200	205	200	1605	
24		200	200	200	200	200	200	195	200	1595	
25		200	200	200	200	200	200	205	200	1605	
26		200	200	200	200	200	200	195	200	1595	
27		200	200	200	200	200	200	200	200	1600	
	$U/2 = \frac{1}{2}\sum U_{ij}$ i = konst.	5385	5420	5410	5420	5430	5420	5435	5435	ϕ 1606	
		T −0,6%							H +0,3%		
	ϕ 5,419 V										

a glatter Stab (zur Kontrolle der Gleichmäßigkeit)

$R_N = 25 \pm 1\ k\Omega$ $J/2 = 0{,}92\ mA$ **1/4 DIN**
$G_N = 1/1{,}8 \pm 1/0{,}05\ mS$ $U/2 = 9{,}7\ V$ **55**
$k = 1{,}8/25 = 0{,}072$ $G_N/G_{ers} = 9{,}904/1{,}583 = 6{,}26$

j \ i		1	2	3	4	5	6	7	8	$\frac{1}{2}\sum U_{ij}$ j = konst.	
1	U_{ij} in mV	30	50	110	185	245	295	330	335	1580	
2		25	50	110	185	255	300	325	330	1580	
3		20	45	105	185	255	305	325	335	1575	
4		15	40	105	190	265	305	330	335	1585	
5		10	35	100	185	270	310	335	340	1585	
6		(135)	25	90	190	275	320	335	345	1580	
7			(370)	85	195	295	325	340	345	1585	
8				45	200	310	345	350	350	1600	H +1,1%
9				(755)	205	320	345	355	360	1585	
10					150	345	365	360	360	1580	
11					80	405	380	365	370	1600	
12					(1270)	470	390	370	365	1595	
13						455	390	375	370	1590	
14						430	390	375	380	1575	
15						425	395	375	370	1565	T −1,1%
16						420	400	390	375	1585	
17						420	400	390	375	1585	
18						410	395	385	380	1570	
19						410	400	385	385	1580	
20						405	395	390	385	1575	
21						410	400	390	395	1595	
22						405	400	395	385	1585	
23						410	395	395	390	1590	
24						405	395	390	390	1580	
25						405	400	395	390	1590	
26	$U/2 = \frac{1}{2}\sum U_{ij}$					395	395	395	390	1575	
27	i = konst.	9790	9630	9130	7940	395	395	390	390	1570	
		9890	9875	9880	9890	9910	9930	9935	9920	ϕ 1583	
	ϕ 9,904		T −0,3%					H +0,3%			

b DIN-Stab (entsprechend Bild 10c und 11)

Bild 14. Beispiel von Protokollen elektroanaloger Messungen

einem Röhrenvoltmeter (5) ermittelt wurde. Das Messen von U konnte sowohl mit dem Röhrenvoltmeter als auch mit dem Vielfachmeßgerät erfolgen.

5.3. *Zur Meßmethodik*

Bevor die elektroanaloge Nachbildung einer bestimmten Prüfstabform untersucht wurde, erfolgte eine Kontrollmessung an einem „glatten Stab" (Bild 14a). Die Abweichungen der über den Gliedern abfallenden Spannungen U_{ij} lagen hier bei ± 5 mV $\triangleq \pm 2{,}5\%$. Daraufhin wurden durch Entfernen von Gliedern und Brücken die jeweils zu untersuchende Prüfstabform erhalten und die entsprechenden Messungen daran vorgenommen. Bild 14b zeigt ein derartiges Protokoll als Beispiel.

Eine Kontrolle in waagerechter Richtung ist nach den Gleichungen (5) und (7) ohne Schwierigkeiten möglich. In senkrechter Richtung läßt sich Gleichung (6) nur bei den durchgehenden Ketten unmittelbar anwenden. Zur Kontrolle der nicht durchgehenden Ketten nach dem *Kirchhoff*schen Maschensatz wurden zusätzlich die an den Konturen über den Brücken abfallenden Spannungen gemessen (in Bild 14b in Klammern geschrieben).

Um einen Begriff von den aufgetretenen Meßfehlern zu vermitteln, sei bemerkt, daß bei über 60 ausgewerteten Protokollen die Abweichungen der Höchst- und Tiefstwerte vom Mittelwert dieser Kontrollrechnungen (mit „H" und „T" gekennzeichnet) zu 80% unter $\pm 1{,}5\%$ und zu 99% unter $\pm 3{,}0\%$ lagen.

Für die Wahl der Spannung U waren vor allem meßtechnische, aber auch praktische Gesichtspunkte ausschlaggebend. Sie wurde im Bereich der verfügbaren Akkumulatoren so eingestellt, daß U_{ij} vorwiegend mit nur einem Meßbereich des Röhrenvoltmeters erfaßt werden konnte. Aus diesem Grunde variierte mitunter U von Netzwerk zu Netzwerk. Da für die Auswertungen ohnehin nur Relativwerte interessieren, bleiben die Ergebnisse davon unbeeinflußt.

5.4. *Zum Auswerten der Meßergebnisse*

Als Relativwerte, auf deren Bedeutung weiter unten noch eingegangen wird, wurden der „Spannungsgradient" U_{ij}/U und der „Stromgradient" I_{ij}/I definiert. Wie oben bereits angedeutet, sollen zur Verminderung von Meßfehlern sämtliche Auswertungen nur auf den mit dem Röhrenvoltmeter gemessenen Spannungen U_{ij} basieren.

Unter Verwendung von Gleichung (6) läßt sich der Spannungsgradient wie folgt berechnen:

$$U_{ij}/U = U_{ij}/\sum_{i=\text{konst}} U_{ij}. \qquad (8)$$

Das *Ohm*sche Gesetz (7) in Gleichung (5) eingeführt, ergibt, daß auch der Stromgradient aus U_{ij} berechenbar ist:

$$I_{ij}/I = U_{ij}/\sum_{j=\text{konst}} U_{ij}. \qquad (9)$$

In Worten ausgedrückt, bedeuten die Gleichungen (8) und (9): Die (Teil-)Spannungen ergeben, bezogen auf die jeweilige *Spalten*summe, die *Spannungs*gradienten, und, bezogen auf die jeweilige *Zeilen*summe, die *S rom*gradienten. Beide Gradienten sind ineinander umrechenbar: Aus $I = G_{ers} \cdot U$ (G_{ers} bezeichnet den Gesamt-Ersatz-Leitwert eines Netzwerkes) und Gleichung (7) folgt:

$$\frac{I_{ij}}{I} = \frac{G_N}{G_{ers}} \cdot \frac{U_{ij}}{U}. \qquad (10)$$

Die beiden Gradienten unterscheiden sich demnach nur durch den Faktor G_N/G_{ers}, der von der Form des jeweiligen Netzwerkes abhängt und deshalb mit „relativer Leitwert" bezeichnet wurde. Auch dieser Wert ist aus den Spannungen U_{ij} berechenbar. Gleichungen (8) und (9) in (10) eingeführt, ergibt nach Kürzen von U_{ij}:

$$G_N/G_{ers} = \sum_{i=\text{konst}} U_{ij} \quad / \quad \sum_{j=\text{konst}} U_{ij}. \qquad (11)$$

Nunmehr soll auf die Bedeutung der Gradienten I_{ij}/I und U_{ij}/U eingegangen werden, die sie für den Zugversuch besitzen. Die Analogie (Tabelle 2) besagt, daß die Stromstärke I der Zugkraft F entspricht. Werden demzufolge Netzwerke, die unterschiedliche Prüfstabformen darstellen, mit $I =$ konst ausgemessen, dann ist dies gleichbedeutend mit einer Beanspruchung der Prüfstäbe durch $F =$ konst. Da I_{ij} und I einander proportional sind, drückt der Stromgradient I_{ij}/I auch dann die Beanspruchung der Prüfstäbe mit $F =$ konst aus, wenn I von Meßreihe zu Meßreihe differiert.

In entsprechender Weise spiegelt der Spannungsgradient U_{ij}/U diejenigen Verhältnisse wider, die bei $\Delta l =$ konst, d. h. bei Beanspruchung der Prüfstäbe durch eine gleiche Verlängerung, vorliegen würden.

5.5. *Lösungswege bei verschiedenen Problemstellungen*

Das Feld der über den Gliedern eines Netzwerkes abfallenden Spannungen U_{ij} (siehe Bild 13b) gibt — auch ohne rechnerische Auswertung — bereits einen Überblick über die Dehnungsverteilung; insbesondere läßt es die Stellen erkennen, an denen Maximal- und Minimalwerte auftreten. In diesem Falle können die Meßwerte unmittelbar für eine grafische oder sonstige Darstellung benutzt werden. Wegen der Proportionalität zwischen U_{ij} und I_{ij} läßt sich aus diesen Meßwerten auch die in bestimmten Querschnitten ($j =$ konst) jeweils vorliegende Zugkraftverteilung erkennen.

Beim Vergleich verschiedener Prüfstabformen ist ein derartiges Vorgehen in der Regel jedoch nicht möglich, da — wie oben bereits ausgeführt — die Einstellung von Strom bzw. Spannung nach meßtechnischen Gesichtspunkten erfolgt. Es hängt nun von der gestellten Problematik ab, ob der Strom- oder der Spannungsgradient zu berechnen ist, d. h., ob ein Vergleich der Prüfstäbe für $F =$ konst. oder für $\Delta l =$ konst. erfolgen soll. Darüber hinaus wäre es auf Grund der Gleichungen (8) und (9) auch möglich, einen „Leistungsgradienten" $U_{ij} I_{ij}/I U$ zu definieren und somit einen Vergleich der Prüfstäbe auf der Basis konstanter mechanischer Arbeit vorzunehmen.

Vorstehende Ausführungen lassen erkennen, daß bei der Lösung von durchaus verschiedenartigen Aufgaben mitunter von den gleichen Messungen ausgegangen werden kann, die nur jeweils anders auszuwerten sind.

Die bisherigen Ausführungen bezogen sich auf den Vergleich unterschiedlicher Prüfstabformen, und zwar unter der — stillschweigenden — Voraussetzung gleicher textilphysikalischer Eigenschaften. Ändern sich diese, so können aber auch unterschiedliche Beanspruchungen bei gleichen Prüfstabformen auftreten. Bei Fördergurten — und für anderen gewebte Flächengebilde gilt dies ebenso — werden die hierfür interessierenden textilphysikalischen Eigenschaften durch die Moduln für Zugelastizität und Schub in idealisierter Weise charakterisiert. Diese beiden Größen sind dem Leitwert der Glieder bzw. dem Widerstand der Brücken analog. Für die Meßergebnisse sind die Absolutwerte von G_N und R_N bedeutungslos. Vielmehr kommt es auf ihre Relation an, d. h. auf das Produkt $G_N \cdot R_N$, das dimensionslos ist. Aus bestimmten, hier nicht näher dargelegten Gründen wurde als „Netzwerkskonstante" der Reziprokwert definiert:

$$k = 1/R_N \cdot G_N. \qquad (12)$$

In der Tendenz stimmt k mit dem Schubmodul überein, für desssen Messung die Literatur erste Ansätze erkennen läßt [15 bis 17], die sich auf leichte Gewebe und Vliestextilien beziehen. Für Fördergurte sind keine diesbezüglichen Arbeiten bekannt. Deshalb wurde die Netzwerkskonstante als Parameter eingeführt; ihre Grenzwerte (0 und ∞) sind hinsichtlich ihrer Auswirkungen auf die Zugkraft- und die Dehnungsverteilung überschaubar. So stellt beispielsweise $k = 0$ den theoretisch interessanten Grenzfall einer Fadenharfe dar, bei der der Schubmodul bekanntlich ebenfalls Null ist. Hinsichtlich der Herleitung der Netzwerkskonstanten aus den textilphysikalischen Eigenschaften eines gewebten Flächengebildes ist noch Grundlagenforschung zu leisten.

Elektroanaloge Messungen zielen insbesondere auf solche Untersuchungen ab, für die am praktischen Objekt eine technische Realisierbarkeit nicht bzw. nur schwer gegeben ist. Zum Nachweis einer Korrelation zwischen elektroanalog gewonnenen und praktisch ermittelten Ergebnissen wurde deshalb für die eingangs dargelegte Problematik in umgekehrter Weise vorgegangen, und zwar wurden praktisch mögliche Prüfungen elektroanalog nachgebildet bzw. entsprechende Messungen dahingehend ausgewertet.

An den in Bild 15 dargestellten Prüfstabformen waren vergleichende Zugfestigkeitsuntersuchungen durchgeführt worden, und die Ergebnisse, die sich auf eine Vielzahl von Messungen stützen, lagen statistisch gesichert vor [18], was in Anbetracht des für solche Prüfungen erforderlichen Aufwandes gegenwärtig noch eine Ausnahme darstellt. Diese Zugversuche wurden elektroanalog nachgebildet, wozu die nachfolgenden Überlegungen dienten.

Der Bruch eines Fördergurt-Prüfstabes beginnt dann, wenn örtlich die Bruchdehnung erreicht wird. Dies ist — hinreichend gleichmäßiges Material vorausgesetzt — im „kritischen Querschnitt" der Fall. Tatsächlich stimmen auch die Stellen, an denen elektroanaloge Messungen Maximalwerte der örtlichen Dehnung ergaben, mit denen überein, bei denen die Zerstörung beginnt. Es sind dies nicht etwa die schwächsten Querschnitte, sondern die kritischen Querschnitte befinden sich jeweils am Beginn der Randzonen (in Bild 15 durch Freihandlinien angedeutet).

Je größer die innere Ungleichmäßigkeit im kritischen Querschnitt ist, desto geringer wird auch die Gesamtkraft sein, bei der an einer Stelle bereits die Bruchdehnung erreicht wird. Davon ausgehend wurde der

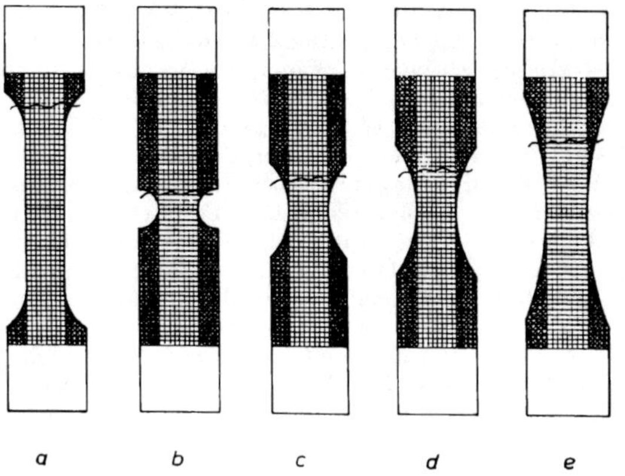

Bild 15. Prüfstabformen für Fördergurte, an denen in [18] vergleichende Zugfestigkeitsuntersuchungen durchgeführt wurden.
(Einspannlänge, Randzonen und wahrscheinlichste Bruchstellen hervorgehoben)
a DIN-Stab
b R 15
c R 50
d R 100
e R 250
(b–e: benannt nach Radius in mm)

Quotient aus dem Nenn- und dem Maximalwert des Stromgradienten als „Formquotient" q_F definiert:

$$q_F = (I_{ij}/I)_n \,/\, (I_{ij}/I)_{\max}. \qquad (12)$$

Es ist dies der reziproke Ausdruck zu der in der Kerbspannungslehre für metallische Werkstoffe üblichen Formziffer α_K

$$\alpha_K = \sigma_{\max}/\sigma_n.$$

Bild 16 vermittelt einen Eindruck von der Strammheit der zwischen der Zugfestigkeit K_z und dem Formquotienten q_F für verschiedene Netzwerkskonstanten k gefundenen Korrelation. Der Korrelationskoeffizient betrug im günstigsten Falle $r = 0{,}96$ (für $k = 0{,}28$; zeichnerisch hervorgehoben).

Damit war nachgewiesen worden, daß — trotz vorgenommener Idealisierung und Abstraktion — zwischen der mechanischen Beanspruchung eines Fördergurtprüfstabes und einer entsprechenden, aus elektroanalogen Messungen gewonnenen Kenngröße ein korrelativer Zusammenhang abgeleitet werden kann. Demzufolge ist es wahrscheinlich, daß auch entsprechend angesetzte, ausgeführte und ausgewertete Netzwerkmessungen in solchen Fällen die Wirklichkeit widerspiegeln, in denen für direkte Messungen keine Realisierbarkeit gegeben ist.

Die bisherigen Ausführungen bezogen sich auf doppeltsymmetrische Formen der zu untersuchenden Objekte, wodurch eine Viertel-Betrachtung möglich war. Ist diese Voraussetzung nicht erfüllt, beispielsweise bei der Untersuchung des Bruchverhaltens von Prüfstäben, so sind diese vollständig nachzubilden, und zwar entweder in gröberer Rasterung oder mit höherem Versuchsaufwand.

Der Aufbau des Netzwerks muß selbstverständlich dem jeweiligen Problem angepaßt sein. So werden sich beispielsweise bei Studien zum Grab-Test die Pole nicht — wie hier demonstriert — an den Stirnseiten des Netzwerks befinden, sondern sie werden — entsprechend der Anordnung der Grab-Klemmen — mitten im Netzwerk liegen, wodurch dann an einzelnen Stellen auch negative Spannungen auftreten werden, die auf ein Stauchen des Prüflings hindeuten.

Bei speziellen Studien zur Endlosmachung von Fördergurten sowie allgemein zu Verbindungs- oder Nahtproblemen empfiehlt es sich, die Querschnitte der zu untersuchenden Objekte elektroanalog nachzubilden.

Schließlich sei noch angedeutet, daß auch eine dreidimensionale Untersuchung möglich ist, beispielsweise um bei Fördergurtprüfstäben den zusätzlichen Einfluß von Stoßstellen der Gewebeeinlagen kennenzulernen, aus denen ein Fördergurt aufgebaut ist.

In diesem Falle ist für jede Gewebeeinlage ein Netzwerk aufzubauen. Diese Netzwerke sind jeweils an den Knotenpunkten über Widerstände miteinander zu verbinden, die die Schubelastizität der Zwischengummierung darstellen.

Die bisherigen Ausführungen basieren auf einem vollelastischen Materialverhalten, das die Verwendung *Ohm*scher Widerstände ermöglichte. Durch die Ausbildung der Netzwerkselemente als *Voigt*- oder *Maxwell*-Modelle müßte es möglich sein, auch viskoelastische Eigenschaften nachzubilden.

6. *Zusammenfassung*

Die Elektroanalogie, die in anderen Wissenschaftsdisziplinen bereits vielseitig angewandt wird, läßt sich auch zum Lösen textiler Probleme nutzen. Die in dieser Arbeit nur angedeuteten Zielstellungen, die zur Entwicklung eines näher beschriebenen Netzwerkes sowie von Meß- und Auswertemethoden führten, ergaben sich aus dem Zugversuch an Fördergurten. Entsprechend der abgeleiteten Analogie ist die Stromstärke einer Kraft und die Spannung einer Verlängerung analog.

Mit Hilfe elektroanaloger Messungen läßt sich u. a. ein Überblick über die Verteilung von Zugkraft und Dehnung in unterschiedlich geformten Fördergurtprüfstäben erzielen. Es ist dies ein erster Versuch, die Elektroanalogie für textile Problemstellungen nutzbar zu machen. Die mit dieser Methode auf textilem Gebiet lösbaren Aufgaben sind damit keineswegs erschöpft. Darüber hinaus ist die Methode selbst noch ausbaufähig.

Die Netzwerke lassen sich aus einfachen Mitteln (z. B. leitfähigem Papier, handels-

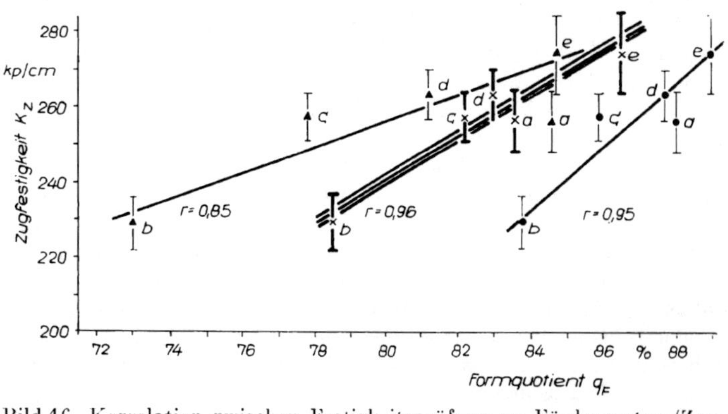

Bild 16. Korrelation zwischen Festigkeitsprüfung an Fördergurten (Zugfestigkeit K_z) und elektroanaloger Messung (Formquotient q_F) mit der Netzwerkskonstante k als Parameter
a DIN-Stab — b R 15 — c R 50 — d R 100 — e R 250
• $k = 1{,}00$ × $k = 0{,}28$ ▲ $k = 0{,}072$

üblichen Druckknöpfen) selbst aufbauen, und zum Messen ist an Präzisionsinstrumenten lediglich ein Röhrenvoltmeter erforderlich.

Es ist mir ein Bedürfnis, meinen Referenten, Herrn Prof. Dr.-Ing. habil. *W. Boheth* und Herrn Prof. Dr.-Ing. habil. *H. Perner*, für das entgegengebrachte Verständnis und kritische Hinweise herzlich zu danken. Des weiteren danke ich Herrn Prof. Dr.-Ing. habil. *M. Hackeschmidt* für gegebene Anregungen sowie für interessante Diskussionen über dieses Sondergebiet der Elektroanalogie.

Literatur

[1] *Hackeschmidt, M.:* Zum Entwurf optimaler stark umlenkender Gleichdruckgitterprofile unter Verwendung der Elektroanalogie. Dissertation TU Dresden 1961/62.
[2] *Hackeschmidt, M.:* Über die praktische Bedeutung einer Systematik der Stammelemente elektrischer Analoga zur Lösung partieller Differentialgleichungen. Bergakademie Freiberg **12** (1965) S. 754–759.
[3] *Hackeschmidt, M.:* Die mittels der Elektroanalogie bestimmbaren physikalischen Systeme. Wiss. Z. Techn. Univ. Dresden **12** (1963) S. 1357–1366.
[4] *Hackeschmidt, M.:* Die Elektroanalogie, ein Mittel zur Lösung komplizierter Feldprobleme. Habilitationsschrift TU Dresden 1965/66.
[5] Persönliche Mitteilung von Herrn Prof. Dr.-Ing. habil. *M. Hackeschmidt.*
[6] *Jenkel, E.:* Zur Verwendung von Modellen für das plastisch-elastische Verhalten. Kolloid-Z. **134** (1953) S. 47–64.
[7] *Kegel, G.:* Elektro-mechanische Analogien. Kolloid-Z. **135** (1954) S. 125–133.
[8] *Stuart, H. A.:* Die Physik der Hochpolymeren. IV. Band: Theorie und molekulare Deutung technologischer Eigenschaften von hochpolymeren Werkstoffen. Berlin/Göttingen/Heidelberg: Springer 1956.
[9] DIN 22102: Gummifördergurte, Blatt 1: Beschaffenheit, Bestellung, Güteprüfung. (Januar 1952), Blatt 2: Werkstoffe (Oktober 1951).
[10] *Quaas, H.:* Wird sich die Kaltvulkanisation für die Endlosverbindung hochbeanspruchter Gummigurte im Braunkohlentagebau durchsetzen? Freiberger Forschungshefte A 189. Berlin: Akademie-Verlag 1960, S. 17–44.
[11] *Westphal, H.:* Handbuch der Fördergurte. Leipzig: Deutscher Verlag für Grundstoffindustrie 1964.
[12] *Tetelbaum, I. M.:* Elektrische Analogierechenverfahren. Berlin: Verlag Technik 1963, S. 296.
[13] *Hackeschmidt, M.:* Praktische Erfahrungen bei der Anwendung von elektrisch leitendem Papier zur Untersuchung ebener Potentialfelder nach der Elektroanalogie. Maschinenbautechnik **11** (1962) S. 291–297.
[14] *Hackeschmidt, M.*, und *Beyreuther, H.:* Meßgerät für Untersuchungen nach der Elektroanalogie unter Verwendung von elektrisch leitendem Papier. Maschinenbautechnik **10** (1961) S. 536–537.
[15] *Mörner, B.*, und *Eeg-Olofsson, T.:* Measurement of the shearing properties of fabrics. Textile Res. J. **27** (1957) S. 611–615.
[16] *Cusick, G. E.:* The resistance of fabrics to shearing forces. J. Textile Inst. **52** (1961) S. T395–T406.
[17] *Petterson, D. R.*, und *Backer, S.:* Relationship between the structural geometry of a fabric and its physical properties. Part VII: Mechanics of nonwovens: Orthotropic behavior. Textile Res. J. **33** (1963) S. 809–816.
[18] *Quaas, H.:* Prüfung von Gummifördergurten mit Gewebeeinlagen. Bergbautechnik **15** (1965) 12, S. 647 bis 657.

Eingegangen am 2. Mai 1968

Die Bedeutung der Raumzirkulation bei der Lagerung von Polycaproamidseide

Peter Nitzschke

Gruppe Industriemeteorologie des Geophysikalischen Institutes der Karl-Marx-Universität Leipzig

DK 677.494.675′126—042.2:541.183.25:658.78:697.958:620.193.2:677.494.021.6

Es wird gezeigt, daß durch Erhöhung der Luftzirkulation beim Lagern von Polyamid-Feinseide eine Beschleunigung des Feuchteaustausches Raumluft/Spinnspule erfolgt und sich damit bei gleicher Lagerzeit eine höhere Fadenfeuchte in den Randzonen des Spulenwickels einstellt als in ruhender Luft. Auf die Folgen für die Weiterverarbeitung (Verstrecken) und einen möglichen Außenwitterungseinfluß wird hingewiesen.

Значение циркуляции воздуха при хранении шелка из поликапроамида

Показано, что в результате повышения циркуляции воздуха при хранении текстильных полиамидных нитей происходит ускорение обмена влажности между воздухом помещения и бобиной с шелком. Вследствие этого при одной и той же продолжительности хранения в краевых областях паковки устанавливается более высокая влажность нити, чем в отсутствии циркуляции воздуха. Указано на следствия из этих исследований для переработки (вытяжки) и на возможное влияние внешних условий.

The Importance of Air Circulation in Storing Polycaproamide Multifilament Yarns

Intensifying the air circulation in storing low denier polycaproamide multifilament yarns was found to result in an acceleration of the moisture exchange between the yarn and the surrounding air, thus leading to higher moisture content in the outer layers of the bobbin than that observed in unmoved air at equal periods of storage time. The implications of this effect with respect to further processing (drawing) and to possible influences of atmospheric conditions are outlined.

Zwischen dem Spinnen und dem Verstrecken der Polyamid-Feinseide wird die auf Spinnspulen aufgespulte Spinnseide meist mehrere Stunden gelagert. Dabei gehen einerseits innerstrukturelle Veränderungen in der Fadensubstanz vor sich (Kristallisationsprozesse). Andererseits dient die Lagerung einer weiteren Feuchteaufnahme des Fadens aus der Raumluft (Lagerklima meist 20 bis 22 °C, 65% rel. Luftfeuchte), da an der Aufspulmaschine mit den herkömmlichen Befeuchtungswalzen kaum die Gleichgewichts-Fadenfeuchte zum Normklima von 65% relativer Luftfeuchte erzielt werden kann.

Eine 65% relativer Luftfeuchte entsprechende Fadenfeuchte ist für die reibungslose Weiterverarbeitung und günstige textile Werte der fertigen Seide notwendig (optimales Verstreckverhältnis — *Klare/Fritzsche/Gröbe* [1]).

Diese erforderliche Fadenfeuchte soll sich durch Feuchteabsorption aus der Umgebungsluft einstellen. Der Gleichgewichtswassergehalt von Polyamid als hygroskopische

Substanz in bezug auf die Umgebungsluftfeuchte wird durch die Sorptionsisothermen beschrieben (vgl. z. B. *F. Fourné* [2]). Bei Änderung der Umgebungsluftfeuchte ändert sich der Wassergehalt im Faden bzw. Spulenwickel.

Die Feuchteaustauschprozesse Raumluft/Spinnspule erfolgen sehr langsam; sie können noch mehrere Tage nach Beginn der Lagerung durch Gewichtsänderung der Spinnspulen nachgewiesen werden.

Im Wickelkörper wandern die Feuchtezonen langsam von den äußeren zu den inneren Wickellagen.

Die Geschwindigkeit des Feuchteaustausches hängt ab von der Höhe der Wasserauflage an der Aufspulmaschine und der Lagerluftfeuchte. Bei der technologisch vorgegebenen Lagerzeit ist deshalb nicht immer gewährleistet, daß sich bis zur Weiterverarbeitung ein Feuchtegleichgewicht zwischen Umgebungsluft (65% relative Luftfeuchte) und Wickelkörper einstellt und daß auch im Inneren des Spulenwickels die geforderte Fadenfeuchte besteht. *De Riz* und *Schuller* [3] betonen in bezug auf eine Untersuchung der verschiedenen, die Gleichgewichtsfadenfeuchte bestimmenden Parameter, daß die Faserfeinheit die Geschwindigkeit des Feuchteaustausches Faden/Umgebungsluft beeinflußt, — bei feineren Titern mit größerer wirksamer Oberfläche erfolge der Feuchteaustausch schneller. *Lünenschloß* [4] bringt Meßergebnisse über die schnellere Angleichung der Feuchtigkeit loser Faserbüschel an die Umgebungsluftfeuchte in bewegter gegenüber unbewegter Luft.

Eigene Versuche zeigten, daß die Luftzirkulation auch während der Lagerung von Spinnspulen die Geschwindigkeit des Feuchteaustausches maßgeblich beeinflußt.

Folgende Versuchsvarianten standen zur Verfügung:

Spulenlagerung unter einer durch Tücher von der Umgebungsluft abgeschirmten Klimatruhe.

1. Schaltstellung „automat.", d. h. der Luftventilator in der Klimatruhe arbeitete nur, wenn die obere bzw. untere Grenze des Regelbereiches für Temperatur oder relative Luftfeuchte erreicht wurde; das trat im Laufe von 24 h kaum auf.
   Es herrschte praktisch keine Ventilation um die Spule.
2. Schaltstellung „automat." wie bei 1., zusätzlich rotierte die Spule mit etwa 10 U/min um ihre eigene Achse.
   Es herrschte demnach eine Ventilationsgröße von ungefähr 0,6 m/s.
3. Schaltstellung „ein", d. h. der Luftventilator arbeitete dauernd, unabhängig von der Stellung der Regelgeber.
   Es herrschte ein Luftstrom von etwa 1 m/s.
4. Schaltstellung „ein" mit zusätzlicher Rotation der Spule wie bei 2.
   Es herrschte demnach eine Ventilationsgröße von ungefähr 1,6 m/s.

Verwendet wurden Spinnspulen mit Doppelwickel-Polyamidseide Nm 128(1). Die Ergebnisse nach ein, bzw. zweitägiger Lagerung zeigt Bild 1. Mit höherer Ventilationsgröße um die ausgelagerte Spule steigt die Feuchteaufnahme bei sonst gleichen Lagerbedingungen (Temperatur, relative Luftfeuchte). Das wird bei den Spulen 7 R_{rot} und 7 L_{fest} nicht nur durch den Unterschied in der Feuchteaufnahme zwischen beiden Spulen deutlich (Bild 1), sondern auch am Gewichtsverlauf.

Nach 1350 min Lagerung bei Schaltstellung „automat." waren diese beiden Spulen anschließend dem kontinuierlichen Luftstrom bei der Schaltstellung „ein" ausgesetzt. Statt der eigentlich zu erwartenden weiteren Verringerung der Gewichtszunahme folgt deshalb eine Erhöhung — die Spulen nahmen infolge höherer Ventilation noch mehr Feuchte auf. Ein ähnlicher Effekt wurde bei der Klimatisierung von Kopsen beobachtet;

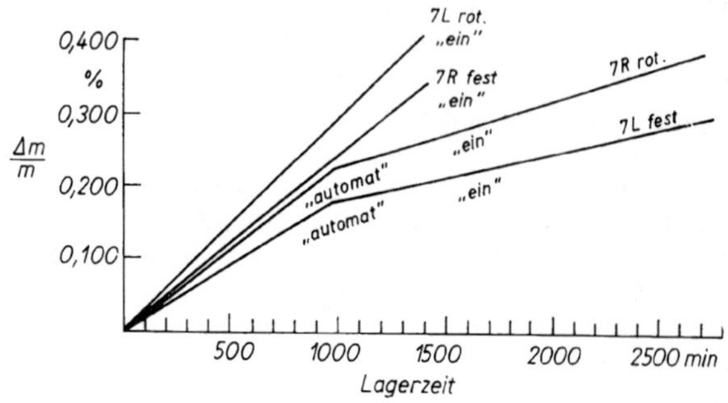

Bild 1. Gewichtsverläufe von vier Spinnspulen bei Lagerung im Streckereiklima mit unterschiedlicher Luftzirkulation um die Spulen
(Ordinate: Gewichtsänderungen, bezogen auf das Wickelgewicht)

SZ-Kopse, die nach mehrwöchiger Lagerung mit 60% relativer Luftfeuchte im Gleichgewicht standen, wurden 200 min lang

a) Luftfeuchten von etwa 88% und
b) Luftfeuchten von etwa 48%

ausgesetzt, und zwar je ein Kops in völlig ruhender Luft, und ein zweiter in einem Luftstrom von etwa 0,6 bis 0,8 m/s. Die beobachteten Gewichtsänderungen, gleichfalls bezogen auf das Kops-Wickelgewicht, sind in Bild 2 dargestellt.

Diese Ergebnisse sind eigentlich nicht überraschend und physikalisch plausibel. Es handelt sich dabei um einen Stoffaustausch, der analog dem Wärmeaustausch durch folgende Formel beschrieben wird (*Krischer/Kröll* [5], *Häussler* [6]):

$$G_D = \frac{F\beta}{R_D T}(P_{D_0} - P_{D_L})$$

mit G_D ausgetauschte Stoffmenge pro Zeit,
F Oberfläche (wirksame Fläche),
β Stoffübergangszahl,
P_{D_0} Dampfteildruck an der Spulenoberfläche,
P_{D_L} Dampfteildruck der Umgebungsluft,
R_D Gaskonstante des Wasserdampfes,
T Temperatur.

(Die Formel gilt in dieser Form nur für gleichbleibende Temperatur, d. h. Lufttemperatur gleich Temperatur des Probekörpers.)

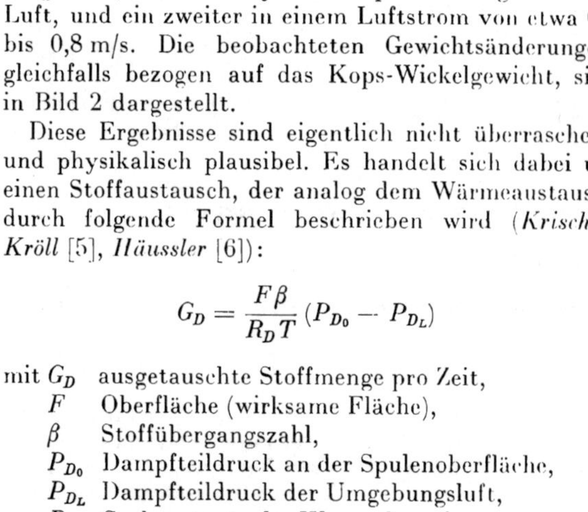

Bild 2. Gewichtsänderungen von SZ-Kopsen nach jeweils 200 min Lagerung im Klimaschrank
a) Übergang von 60% relativer Luftfeuchte vorher auf 88% im Klimaschrank
b) Übergang von 60% relativer Luftfeuchte vorher auf 48% im Klimaschrank

In dieser Formel kommen die schon oben erwähnten Tatsachen zum Ausdruck. Je größer der Dampfdruck-Unterschied und die wirksame Oberfläche sind, um so schneller erfolgt der Feuchteaustausch.

Die Stoffübergangszahl β ist, wie z. B. *Krischer/Kröll* angeben, wesentlich von den Strömungsbedingungen in unmittelbarer Nähe der Oberfläche abhängig, d. h. also von der Form der Oberfläche (Struktur des umströmten Körpers, Oberflächenrauhigkeit) und der Luftgeschwindigkeit.

Die Abhängigkeit des Stoffaustausches von den Ventilationsbedingungen um das Objekt kann man sich folgendermaßen vorstellen: Die Feuchteabsorption aus der Umgebungsluft führt bei völlig ruhender Luft zum „Austrocknen“ der unmittelbar an die Spulenoberfläche grenzenden Luftschicht, damit wird während und infolge des Feuchteaustausches P_{D_L} herabgesetzt und die Geschwindigkeit des Feuchteaustausches vermindert.

In diesem Zusammenhang sind anderweitig ermittelte Ergebnisse interessant: Die unterschiedliche Hygroskopizität von Polyester- und Polyamidfaserstoffen führte in einem Websaal mit geringer Luftzirkulation über den Webstühlen, auf denen Polyamid verarbeitet wurde, zu geringerer relativer Luftfeuchte (42%) als über den Webstühlen, auf denen Polyester verarbeitet wurde (52%) (*Koch* [7]).

Bei der Spinnspulenlagerung ist es möglich, daß durch Luftbewegung im Raum die „ausgetrocknete“ Luft laufend durch feuchtere Luft ersetzt wird; die Geschwindigkeit des Feuchteaustausches ist dadurch höher als die bei ruhender Luft. Die exakte Erfassung der Ventilationsbedingungen um die Spule ist jedoch sehr schwer. Deshalb kann auch β nur für einige Fälle unter Verwendung von Ähnlichkeitskriterien abgeschätzt werden. Im Einzelfall stößt man bei einer exakten Berechnung auf kaum zu bewältigende mathematisch-physikalische Schwierigkeiten. Wie die oben dargelegten Versuchsergebnisse zeigen, ist der Einfluß der Luftbewegung auf den speziellen Fall des Feuchteaustausches Umgebungsluft/Spinnspule beträchtlich. Das kann nachteilige Folgen haben: da die Wanderung der Feuchte von außen ins Innere des Wickels langsam erfolgt, entsteht bei Ventilation der lagernden Spulen in den Randzonen ein Gebiet hoher Fadenfeuchte, das sich bei der vorgegebenen Lagerzeit nicht ausgleichen kann. Diese Feuchteunterschiede über den Wickelquerschnitt führen dann zu Schwierigkeiten beim Verstrecken.

In diesem Zusammenhang muß beachtet werden, daß in den Lagerräumen, wie eigene Untersuchungen zeigten, oft „tote Ecken“ entstehen, in denen nur selten Luft ausgetauscht wird, die Ventilation um die Spulen also gering ist (z. B. durch dicht stehende Spulenwagen oder an baulich ungünstigen Stellen).

An anderen Stellen verursachen die technologisch erforderlichen Transportarbeiten beim Türöffnen oft Zugerscheinungen, die die Raumluftzirkulation beeinflussen können. Über diese letztgenannte Reaktionskette wäre unter Umständen sogar ein Außenwitterungseinfluß denkbar: Bekanntlich rufen starke Temperaturunterschiede zwischen der Außen- und der Gebäudeatmosphäre in hohen Gebäuden oder Treppenhäusern intensive Zirkulationen in Form des Schlotzuges hervor, die bei geöffneten oder schlecht schließenden Türen bis in die angrenzenden klimatisierten Räume dringen können. Starker Wind, meist verbunden mit starker Böigkeit, oder Winddrehungen bei Wetterlagenänderungen erzeugen Winddruckschwankungen, die zu Schwankungen oder Veränderungen der Gebäudezirkulation führen und durch offene oder schlecht schließende Türen auch in klimatisierte Räume vordringen können.

Ein statistischer Nachweis eines solchen Einflusses der Außenwitterung auf die Produktion ist sehr schwer. Außer den zahlreichen anderen technologischen und betriebsorganisatorischen Einflußgrößen für die Endqualität dürfte der erläuterte Außenwitterungseinfluß nur einen Teil der lagernden Spinnspulen (z. B. in Türnähe) nachteilig beeinflussen. Eine getrennte Qualitäts-Auswertung nach Lagerplätzen wird aber unter Betriebsbedingungen normalerweise nicht durchgeführt. Erschwerend ist auch, daß die Prüfwerte erst nach weiteren Verarbeitungsstufen gewonnen werden und damit weitere Einflußgrößen hinzukommen.

Trotzdem sollten zur Vermeidung dieser nicht ausgeschlossenen Reaktionskette eine gute Abschirmung des Raumes von der Außenluft (z. B. Doppeltüren) und eine im ganzen Lagerraum einheitliche und zeitlich gleichmäßige Luftzirkulation angestrebt werden. Das bedeutet, die Lagerbedingungen nicht nur nach Temperatur und Luftfeuchtigkeit, sondern auch bezüglich der Luftbewegung zu kontrollieren, um eine mögliche Fehlerquelle großtechnischer Produktion infolge ungleichmäßiger Fadenfeuchte auszuschließen.

Literatur

[1] *Klare, H., Fritzsche, E.,* und *Gröbe, V.:* Synthetische Fasern aus Polyamiden — Technologie und Chemie. Berlin: Akademie-Verlag 1963.

[2] *Fourné, F.:* Synthetische Fasern — Herstellung und Verarbeitung. Stuttgart: Wiss. Verlagsges. 1964.

[3] *De Riz, O.,* und *Schuller, E.:* Hygroskopisches Verhalten der Perlonseide. Faserforsch. u. Textiltechnik **6** (1955) 4, S. 152—157.

[4] *Lünenschloß, J.:* Eine Studie über den Einfluß der Faserfeuchtigkeit auf das Verzugsverhalten und die Garngleichmäßigkeit. Textil-Praxis **14** (1959) 2, S. 111—118.

[5] *Krischer, O.:* Die wissenschaftlichen Grundlagen der Trocknungstechnik (*Krischer/Kröll:* Handbuch der Trocknungstechnik. Bd. 1, 2. Aufl.). Berlin: Springer 1963.

[6] *Häussler, W.:* Das Mollier-ix-Diagramm für feuchte Luft und seine technischen Anwendungen. Dresden/Leipzig 1960.

[7] *Koch, H.:* Neue Erkenntnisse bei der meteorologischen Optimierung von Produktionsprozessen in der Textilindustrie. Dt. Textiltechnik **18** (1968) 1/2, S. 35—39.

Eingegangen am 12. Januar 1968

Neue Bücher

Qualitätsbestimmende Merkmale von Tierhaaren. Von *G. Satlow.* Forschungsberichte des Landes Nordrhein-Westfalen. Nr. 1890. Köln, Opladen: Westdeutscher Verlag 1967. 48 S. Kart. DM 26,90.

Der Forschungsbericht bringt eine ausführliche Analyse der chemischen und physikalischen Eigenschaften von 25 vorwiegend groben Tierhaaren, insbesondere von groben Ziegenhaaren, und stellt damit eine notwendige Ergänzung der bereits früher veröffentlichten, analogen Untersuchungsergebnisse von Schaf-Rohwollen dar.

Die Untersuchungen beinhalten die Erfassung des pH-Wertes des wäßrigen Extraktes, die Bestimmung des Gehaltes an wichtigen Aminosäuren (Cystin, Cystein, Cysteinsäure, Tryptophan und z. T. Lanthionin), Analysen des Löslichkeitsverhaltens (Alkalilöslichkeit des isoionisch gewaschenen Ausgangsmaterials und nach saurer Blindfärbung, Harnstoffbisulfit,- Säure- und Trypsinlöslichkeit), der Feuchteaufnahme unter Normalbedingungen sowie des Wasserrückhaltevermögens, die Ermittlung der Feinheit und des Anteils markhaltiger Fasern, der mittleren Faserlänge und des Kurzfaseranteils, der Merkmale des Zugversuchs im trockenen und nassen Zustand und schließlich der Filzdichte nach dem Aachener Filztest.

Die Ergebnisse sind in 10 Tabellen zusammengestellt. Die Auswertung bezieht sich darauf, die auftretenden Streuungen zwischen den untersuchten Proben hinsichtlich ihrer Abhängigkeit von der Provenienz oder dem Gewinnungsverfahren zu analysieren, um qualitätsbestimmende Merkmale für die nach verschiedenen Verfahren gewonnenen Tierhaare angeben zu können. Durch die gewählte Darstellung der Verteilung der Mittelwerte der einzelnen Prüfmuster in Form von Punktdiagrammen und die kurzen Erläuterungen wird trotz der Vielzahl der Versuchsergebnisse ein klarer Überblick gewahrt. Darüber hinaus wurden umfangreiche Korrelationsanalysen zwischen verschiedenen Eigenschaften angestellt, aus denen hervorgeht, daß man durch Bestimmung von ein oder zwei chemischen Kenndaten (z. B. Cystingehalt) auf eine ganze Reihe anderer Eigenschaften schließen kann. Korrelations- bzw. Regressionsanalysen sollten allerdings nur zur Kennzeichnung des unmittelbaren Zusammenhanges zweier Merkmale angewendet werden und nicht bei Merkmalen, die durch die Korrelation mit einer gemeinsamen dritten Größe eine scheinbare Abhängigkeit erkennen lassen (partielle Korrelation).

Die Aussagefähigkeit der gesamten Arbeit wird durch die teilweise ungünstige Auswahl des Prüfmaterials eingeschränkt, da nur Teilvergleiche möglich sind und für einige Versuchsergebnisse (Einfluß des Schwödens der Felle) die echte Vergleichsbasis fehlt.

In der Zusammenfassung werden ausgehend von den ermittelten Qualitätsmerkmalen einige Hinweise gegeben, die bei der Verarbeitung zu beachten sind.

Die Arbeit gibt damit einen guten Überblick über die Eigenschaften handelsüblicher grober Tierhaare und dürfte folglich für diejenigen Industriezweige der Textilindustrie, die sich mit der Verarbeitung dieser Tierfasern befassen, von höchstem Interesse sein. *A. Mally*

Advances in Photochemistry, Vol. 4. Hgg. von *W. Albert Noyes jr., Georges S. Hammond* und *J. N. Pitts jr.* New York/London/Sidney: Interscience Publ./Wiley 1966. IX, 274 S. Lwd. 86 s.

Der vorliegende vierte Band der Fortschrittsberichte über Probleme der Photochemie enthält 8 Beiträge zu speziellen Komplexen dieses Gebietes.

Im ersten Abschnitt geben *H. S. Johnston* und *F. Cramarossa* einen Überblick über hochkomplexe photochemische Mechanismen, in dem nach einer allgemeinen Diskussion des Problems die Photolyse von Acetaldehyd und Aceton sowie die Photooxydation von Aceton behandelt werden. Dieser Beitrag enthält sicherlich vielfältige Anregungen für jeden, der sich mit den oftmals sehr verwickelten Reaktionsabläufen photochemischer Umsetzungen befaßt. Im zweiten Kapitel untersuchen *M. Niclause, J. Lemaire* und *M. Letort* Kinetik und Mechanismus der photochemischen Oxydation von Aldehyden durch molekularen Sauerstoff in gasförmiger und flüssiger Phase. Der folgende Beitrag aus der Feder von *W. A. Noyes jr.* und *J. Unger* behandelt Singulett- und Triplettzustände des Benzols und einfacher aromatischer Verbindungen. Nach einem Überblick über die Nachweismethoden für Singulett- und Triplettzustände werden Anwendungsbeispiele für Benzol und Fluorbenzol beschrieben. Anschließend erläutert *K. Schaffner* photochemische Umlagerungen konjugierter cyclischer Ketone. Die hier beschriebenen Substanzen und ihre lichtinduzierten Umwandlungen werden in erster Linie das Interesse der Biochemiker finden.

Mit der Photochemie konjugierter Diene und Triene am Beispiel von linearen und cyclischen 1,3-Dienen sowie von 1,3,5-Cycloheptatrien befaßt sich der fünfte Abschnitt von *R. Srinivasan.* Dann berichten *H. E. Gunning* und *O. P. Strausz* über Reaktionen von Schwefelatomen mit Paraffinen und Olefinen. Photochemische Umwandlungen von Polyenen hat der siebente Artikel von *M. Mousseron* zum Gegenstand, in dem vorwiegend Reaktionen verschiedener Ionone beschrieben werden. Im letzten Kapitel gibt *H. M. Frey* einen Überblick über die Photolyse von Diazirinen. Die Tatsache, daß die Photoreaktionen dieser erst seit einigen Jahren bekannten Substanzklasse bereits Gegenstand eines selbständigen Abschnitts sind, veranschaulicht deutlich die Bedeutung und die stürmische Entwicklung der Photochemie.

Die rasche zeitliche Abfolge des Erscheinens der einzelnen Bände der photochemischen Fortschrittsberichte dokumentiert die Komplexität dieses Forschungsgebietes. Wie in den ersten drei Bänden vermitteln auch hier die wertenden und kritisch angelegten Übersichten einen guten Überblick innerhalb der behandelten Problemkreise und stellen mit zahlreichen Literaturzitaten die Verbindung zu den Originalarbeiten her, so daß auch dieses Buch von allen photochemisch arbeitenden Chemikern mit Gewinn gelesen werden kann. *W. Jaeger*

Riesenmoleküle. Von *Hermann F. Mark* und der Redaktion von Life (aus dem Englischen übertragen von *Frauke Gewecke* und *Horst Förster*). Amsterdam: Time-Life International (Nederland) 1967. 200 S. A 4. Lwd. 18 hfl.

Es ist eine bereits oft ausgesprochene Erkenntnis, daß die Darstellung eines Wissenschaftsgebietes in allgemein verständlicher Form ungleich schwieriger sein kann als ihre Wiedergabe in der Sprache und Terminologie des Faches. Die Verfasser vorliegenden Buches „Riesenmoleküle" beherrschen diese Kunst der wissenschaftlich korrekten und doch allgemein verständlichen Darstellungsform meisterhaft. Wer Vorträge allgemeinen und speziellen Inhaltes von *Hermann Mark* hörte oder las — und welcher Polymerchemiker tat das nicht — kennt seine packende Wiedergabeform und wird sich nun auch über dieses Buch freuen, das dem Nichtchemiker ebenso wie dem Kenner der makromolekularen Chemie ein fesselndes Bild dessen gibt, was die Riesenmoleküle sind und was man mit und aus ihnen machen kann und machen wird.

Form und Inhalt, Text und Bilder sind gleichermaßen von hervorragender Qualität und von einer Anschaulichkeit, die das überlegene Wissen und Können der Verfasser verrät. Es ist ein ungetrübter Genuß darin zu lesen, wenngleich der abgebildete „Garten ewiger Blüte" (aus Polyäthylen) einschließlich der nachgebildeten Paradiesvögel dem Referenten nicht das Erstrebenswerte zu sein scheint, wofür man 30000 Dollar investieren sollte. Das ist der „stumme Frühling" in seiner endgültigen Form — aber ‚de gustibus non est disputandum'.

Vom Riesenmolekül als Baustein alles Lebendigen ist hier nur am Rande die Rede, da dieses Buch von den künstlichen Makromolekülen und ihrer Entwicklung berichtet, und so gesehen, kann man als Extrem auch „den Garten ewiger Blüte" gelten lassen.

Das Buch behandelt in 8 Kapiteln u. a. das Zeitalter der Kunststoffe, die Entdeckung des Moleküls, den Bauplan für Polymere, die ersten Kunststoffe, die Moleküle nach Maß usw. Man findet darin die Einführung in die Chemie vom Element über das Molekül bis zum Makromolekül, eine kurze, anschauliche Geschichte der organischen Chemie, die Arten der Kohlenstoffbindung — alles mit sehr instruktiven, hervorragenden Bildern. Allmählich wird der Leser so von den Grundlagen der Chemie zu den ersten von Chemikern entdeckten und verwerteten makromolekularen Substanzen (Nitrocellulose, Celluloid, Bakelit) geführt, und er erlebt — lernend und erkennend — die Bildung von künstlichen Fäden aus Cellulose und synthetischen Polymeren. Es wird in Wort und Bild gezeigt, was die Makromolekulare Chemie vermag, wenn sie Moleküle nach Maß für die verschiedensten Zwecke der Bekleidung, der Technik und der Medizin produziert, und es gibt einen Ausblick auf das, was heute kurz vor der Vollendung steht und was morgen möglich sein müßte. Da ist von einer in Kunststoff eingehüllten Stadt die Rede, vom Haus auf dem Mond und vom künstlichen Herzen aus einem synthetischen Polymeren. —

Alles in allem eine gelungene Darstellung, die man lesen sollte, wenn man wissen oder bestätigt haben möchte, was die Riesenmoleküle sind und was man aus ihnen machen kann, und wenn man lernen will, wie ein gutes populärwissenschaftliches Buch verfaßt werden muß. *H. Klare*

Patentschau

Auszug aus der Lieferung 3/4/1968 der Patentschau „Faserstoffe und Textiltechnik“, Ausgabe A: Faserstoffe einschl. Kunststoffe und organ. Grundsubstanzen, zusammengestellt von der Abteilung Wissenschaftliches Berichtswesen des Instituts für Faserstoff-Forschung der DAW, 153 Teltow-Seehof, Kantstr. 55

Die Patentschau ist nach der deutschen Patentklasseneinteilung gegliedert. Es bedeuten: DDP = DDR-Patent; DBP = Deutsches Bundespatent; DAS = (West)-Deutsche Auslegeschrift; OeP = Österreichisches Patent; PoP = Polnisches Patent; SzP = Schweizer Patent; FrP = Französisches Patent; GBP = Britisches Patent; SvP = Schwedisches Patent; SUP = Sowjetisches Patent; ČSP = Tschechoslowakisches Patent; USP = Amerikanisches Patent; — A = Anmeldedatum, B = Tag der Ausgabe der Patent- bzw. Auslegeschrift.

Klasse 12o, 6. Synthetische Derivate der Kohlenhydrate u. dgl., z. B. Celluloseester, auch Viskose

SUP 203665 (Urheberschein). Verfahren zur Herstellung von Aminoderivaten der Cellulose. Erf.: *N. Ja. Kuznecova, G. A. Timochina* u. *V. I. Ivanov*. Anm.: Institut organičeskoj chimii AN Kirgizskoj SSR. A. 29. 8. 66, B. 9. 10. 67. Kl.: 12o, 6. A.-Z.: 1100878/23—4 (unter Einbeziehung der Anm.: A.-Z.: 1101918/23—4).

Klasse 12o, 21. Carbonsäuren mit ungesättigter Atomkette, z. B. Zimtsäure (teilweise)

JaP 15524/67. Abtrennung von Methacrylsäure. Inh.: Mitsubishi Rayon Co. Ltd. A. 12. 12. 63, B. 28. 8. 67. A.-Z.: 67020/63.

USP 3347899. Katalytisches Verfahren zur Herstellung von Nitrilen. Erf.: *Giorgio Caporali, Nicola Giordano, Natalo Perlazzo* u. *Quintino Ottaviani*. Inh.: Montecatini Edison S. p. A., Mailand (It.). A. 20. 9. 63, B. 17. 10. 67. Kl.: 260—465,3. 11 Anspr. A.-Z.: 310489.

Klasse 12p, 5. Stickstoffringe der heterocyclischen Reihe mit einem Stickstoffatom. Sonstige Ringe mit einem Stickstoffatom ...; Lactame ... (teilweise)

SzP 447178. Verfahren zur Herstellung von ω-Lactamen. Erf.: *Giuseppe Ribaldone, Franco Smai* u. *Giampiero Borsotti*. Inh.: Società Edison, Foro Bonaparte 31, Mailand (It). A. 7. 8. 64, Kl.: 12p, 5 (12p, 1/01). A.-Z.: 10358/64. Prior.: 9. 8. 63 (It; A.-Z.: 16876/63).

ČSP 124842 Zus. z. Pat. 106533. Verfahren zur Herstellung von Lactamen und ihren Derivaten. Erf.: *Edmund Juraj Mistrík* u. *Ladislav Komora*. A. 27. 12. 65, B. 15. 4. 67. Kl.: 12o, 11. Int. Kl.: C 07c. A.-Z.: 7773/65.

Klasse 29a. Mechanische Gewinnung von Gespinstfasern

SUP 203147 (Urheberschein). Laboregrenier- und -reinigungsapparatur zur Probenherstellung aus Rohbaumwolle. Erf.: *M. B. Rybal'skaja, V. V. Gričenko, F. I. Vostrikov, N. B. Sorkin*. Anm.: Central'nyj naučno-issledovatel'skij institut chlopkovoj promyšlennosti. A. 14. 9. 65, B. 28. 9. 67. Kl.: 29a, 1. A.-Z.: 1028269/28—12.

SUP 202426 (Urheberschein). Vorrichtung zur Herstellung eines Stengelbandes aus aufgebundenen Garben von Flachsstroh. Erf.: *I. N. Levitskij* u. *S. I. Antonov*. A. 20. 6. 66, B. 14. 9. 67. Kl.: 29a, 2/01 (45c, 45/06). A.-Z.: 1084135/30—15.

SUP 203148 (Urheberschein). Verfahren zur Herstellung einer Flachsstrohschicht zur Verarbeitung im Brech/Schwing-Aggregat. Erf.: *N. A. Chochlov, L. N. Ginzburg, Ju. Ja. Braslavskaja, E. G. Magitt, A. I. Kazakov* u. *A. P. Suskov*. Anm.: Central'nyj naučno-issledovatel'skij institut promyšlennosti lubjanych volokon. A. 12. 5. 64, B. 28. 9. 67. Kl.: 29a, 2/01. A.-Z.: 899756/28—12.

SUP 204487 (Urheberschein). Vorrichtung zur Abnahme des getrockneten, in zwei Schichten übereinander liegenden Strohes von Transportband der Trockenmaschine und dessen Aufteilung in zwei selbständige Schichten. Erf.: *M. V. Babykin, Ju. A. Pergament, K. A. Savel'ev, F. A. Stepanov, I. P. Anidalov* u. *F. M. Kozlovskij*. Anm.: Special'noe konstruktorskoe bjuro promyšlennosti pervičnoj obrabotki lubjanych volokon. A. 13. 4. 66, B. 20. 10. 67. Kl.: 29a, 20/2. A.-Z.: 1069174/28—12.

FrP 1495231. Verfahren zum Öffnen von holzfreien Hanffasern. Inh.: Deutsche Akademie der Wissenschaften zu Berlin. A. 27. 9. 66, B. 15. 9. 67. Kl.: D 01c. A.-Z.: 77824.

PoP 54710. Vorrichtung zum Spülen und Auswringen von Flachs- und Hanfstroh nach der Röste. Erf.: *Tadeusz Plis, Marian Nowicki, Władysław Ostrowski, Ludwik Mazurkiewicz* u. *Edward Wojtas*. Inh.: Zielonogórskie Zakłady Roszarnicze w Gorzowie Wlkp. Przedsiebiorstwo Państwowe. Gorzów Wlkp. (Po). A. 7. 11. 66. Kl.: 29a, 4.

DAS 1250050. Spinndüse zum Spinnen von Hohlfäden aus Schmelzen mit schlitzförmigen Öffnungen in Form einer Spirale. Erf.: *Fritz Bolland*. Anm.: Institut für Textiltechnologie der Chemiefasern, Rudolstadt/Thür. A. 25. 6. 56, B. 14. 9. 67. Kl.: 29a, 6/04. A.-Z.: I 11867 VIIa/29a.

JaP 14121/67. Herstellung von Hohlfasern. Inh.: Toyo Rayon Co. Ltd. A. 18. 3. 64, B. 9. 8. 67. Kl.: 43A.

JaP 14122/67. Synthetische Fasern. Inh.: Toyo Rayon Co. Ltd. A. 14. 8. 64, B. 9. 8. 67. Kl.: 43A.

SUP 203150 (Urheberschein). Vorrichtung zum Schneiden von Chemiefaserkabel auf Stapellänge. Erf.: *A. I. Žuravlev*. Anm.: Vsesojuznyj naučno-issledovatel'skij institut sintetičeskich volokon. A. 13. 5. 66, B. 28. 9. 67. Kl.: 29a, 6/05. A.-Z.: 1075923/29—12.

DAS 1249448. Verfahren zur Herstellung von Pigmentsuspensionen. Erf.: *Friedrich Hildebrandt, Heinz Hose* u. *Karl Blinzinger*. Anm.: Spinnfaser AG, Kassel-Bettenhausen. A. 8. 7. 55, B. 7. 9. 67. Kl.: 29a, 6/06. A.-Z.: S 44675 VIIe/29a.

FrP 1496041. Verbesserung bei der Behandlung von aus mehreren kontinuierlichen Fäden bestehenden Gespinsten sowie entsprechende Gespinste mit labiler, geregelter Kohäsion. Inh.: Snia Viscosa Società Nazionale Industria Applicazioni Viscosa S. p. A. A. 7. 10. 66, B. 22. 9. 67. Int. Kl.: D 01j u. D 02g. A.-Z.: 79150. Prior.: 9. 10. 65 (It; A.-Z.: 22566/65).

FrP 1502552. Neue stark zusammenziehbare Polyamidfasern. Erf.: *F. Ogata*. Inh.: Kanegafuchi Boseki Kabushiki Kaisha u. Snia Viscosa Società Nazionale Industria Applicazioni Viscosa S. p. A. A. 30. 11. 66, B. 17. 11. 67. Int. Kl.: D 01d u. D 01f. A.-Z.: 85699, Prior.: 1. 12. 65 (Ja; A.-Z.: 74166/65).

USP 3347738. Faden von scheinbar veränderlicher Feinheit. Erf.: *James G. Sims*. Inh.: Monsanto Co., St. Louis, Mo. A. 9. 3. 64, B. 17. 10. 67. Kl.: 161—179. 6 Anspr. A.-Z.: 350443 (ausgesch. aus USP 3138516. A. 21. 11. 62, A.-Z.: 239189, vgl. auch USP 3272901. Entspr. SzP 425077, FrP 1374892 u. GBP 1033308.

USP 3350488. Verfahren zur Herstellung von scharfkantigen Faserstoffen. Erf.: *Alvin Leonard Breen*. Inh.: E. I. du Pont de Nemours and Co., Wilmington, Del. A. 3. 3. 65, B. 31. 10. 67. Kl.: 264—171. 4 Anspr. A.-Z.: 436888 (ausgesch. aus USP 3188689. A. 27. 5. 58, A.-Z.: 738166).

SzP 447464. Verfahren zum Strecken synthetischer Fäden und Vorrichtung zur Durchführung dieses Verfahrens. Erf. u. Inh.: *Capdevila Calvete*, Eugenio, rue Marina 1, Badalona, Barcelona (Sp.). A. 14. 10. 66. Kl.: 29a, 6/07. A.-Z.: 14987/66. Prior.: 25. 10. 65 (Sp; A.-Z.: 318888). Entspr. FrP 1496973.

FrP 1495882. Auskupplungsfähige und auswechselbare Vorrichtung zum Antrieb von Walzen, insbesondere zur Verstreckung synthetischer Fäden. Inh.: VEB Filmfabrik Wolfen. A. 5. 10. 66, B. 22. 9. 67. Int. Kl.: D 01d. A.-Z.: 78825.

FrP 1496973. Verbesserungen bei den Verstreckungsverfahren für synthetische Fäden. Inh.: E. Calvete Capdevila. A. 18. 10. 66, B. 6. 10. 67. Int. Kl.: D 02j. A.-Z.: 80450. Prior.: 25. 10. 65 (Sp; A.-Z.: 318888). Entspr. SzP 447464.

SUP 203152 (Urheberschein). Kammer zur kontinuierlichen Behandlung des Fadens. Erf.: *O. P. Talyzina, V. I. Nesvizkij, O. V. Trjaskin, S. V. Lepechin, B. M. Čerkinskij*, u. *V. V. Dolgov*. Anm.: Vsesojuznyj naučno-issledovatel'skij institut tekstil'nogo i legkogo mašinostroenija. A. 10. 3. 66, B. 28. 9. 67. Kl.: 29a, 6/08. A.-Z.: 1059979/28—12.

USP 3346932. Verfahren zur Entspannung synthetischer Seiden. Erf.: *Dudley W. Chaepe*. jr. Inh.: Monsanto Co., St. Louis, Mo. A. 7. 9. 65, B. 17. 10. 67. Kl.: 28—72. 1 Anspr. A.-Z.: 485376.

DAS 1250592. Verfahren zum Reinigen von Spinndüsen. Erf.: *Heimen Kloppers*. Anm.: N. V. Onderzoekingsinstituut Research, Arnheim (Nd.) A. 15. 2. 63, B. 21. 9. 67. Kl.: 29a, 6/10. A.-Z.: N 22749 VIIa/29a. Prior.: 16. 2. 62 (Nd; A.-Z.: 274929). Entspr. SzP 420477, GBP 965870 u. USP 3188239.

GBP 1088664 Zus. z. Pat. 1067446. Rohrspinnen. Inh.: Courtaulds Ltd. A. 22. 1. 64, B. 25. 10. 67. Kl.: B 5.B. Int. Kl.: D 01d. A.-Z.: 2737/64.

USP 3346916. Spinndüse für die Herstellung synthetischer grasartiger Seide. Erf.: *Donald L. Elbert* u. *Robert T. Wright*. Inh.: Monsanto Co., St. Louis, Mo. A. 17. 1. 66, B. 17. 10. 67. Kl.: 18—8. 2 Anspr. A.-Z.: 536933.

GBP 1088240. Schmelzspinnen von faserbildenden Polymeren. Inh.: Imperial Chemical Industries Ltd. A. 20. 8. 65, B. 25. 10. 67. Kl.: B 5.B. Int. Kl.: D 01d. A.-Z.: 35785/65. Entspr. FrP 1495029.

DAS 1248854. Verfahren und Vorrichtung zur Herstellung eines Garns mit regellos ineinander verflochtenen Einzelfäden. Erf.: *Conrad Joseph Gonsalves*. Anm.: N. V. Onderzoekingsinstituut Research, Arnheim (Nd). A. 21. 9. 62, B. 31. 8. 67. Kl.: 29a, 6/20. A.-Z.: N 22122 VIIa/29a. Prior.: 28. 9. 61 (Nd; A.-Z.: 269713). Entspr. GBP 955128.

DAS 1250962. Spindellagerung. Erf.: *Richard Hippe* u. *Gerhard Schüssler*. Anm.: Zwirnerei Ackermann, Werk der Ackermann-Göggingen AG, Heilbronn-Sontheim. A. 1. 3. 58, B. 28. 9. 67. Kl.: 29a, 6/20. A.-Z.: Z 6543 VIIa/29a. Entspr. SzP 380867.

DAS 1251462. Elektrisch beheiztes, in mehrere Heizzonen aufgeteiltes Heizrohr, insbesondere für Falschdrallvorrichtungen. Erf.: *Hans Haarhoff, Erich Gräf* u. *Hans Schöndelen*. Anm.: Kunstseiden-AG, Wuppertal-Elberfeld, Friedrich-Ebert-Str. 154. A. 19. 7. 62, B. 5. 10. 67. Kl.: 29a, 6/20. A.-Z.: K 61332 VIIa/29a.

FrP 1496690. Verbesserungen bei den Verfahren zur Erzeugung synthetischer Seide. Inh.: Capdevila, E. Calvette. A. 15. 10. 66, B. 29. 9. 67. Int. Kl.: D 01d. A.-Z.: 80171. Prior.: 16. 10. 65 (Sp; A.-Z.: 318594). Entspr. SzP 436555.

DDP 58568. Vorrichtung zum Schmelzspinnen von synthetischen linearen Hochpolymeren. Erf. u. Inh.: *Kurt Markel*, Wilhelm-Pieck-Stadt Guben, *Jürgen Steinberg*, Rudolstadt-Schwarza, *Alfred Machold*, Blankenburg (Thür. Wald) u. *Günter Kunzmann*, Rudolstadt. A. 7. 12. 66, B. 5. 11. 67. Kl.: 29a, 6/31. A.-Z.: WP 29a/121328.

DAS 1248855. Verfahren zur Herstellung von Fasern oder Fäden aus linearen Polyestern. Erf.: *Herbert Kurzke*, *Helmut Sattler* u. *Edmund Stix*. Anm.: Farbwerke Hoechst AG vorm. Meister Lucius & Brüning, Frankfurt/M. A. 13. 8. 60, B. 31. 8. 67. Kl.: 29a, 6/31. A.-Z.: F 31875 VIIa/29a. Entspr. SzP 393623 u. GBP 991642.

GBP 1088851. Synthetische Seiden. Inh.: Imperial Chemical Industries Ltd. A. 10. 1. 64, B. 25. 10. 67. Kl.: B5.B. Int. Kl.: D 01d, D 02g u. D 02j. A.-Z.: 1228/64. Entspr. SzP 433580 u. FrP 1420192.

USP 3325987. Texturiertes Textilmaterial. Erf.: *John Phillip Hillihan*, *Alfred Joseph Reed* u. *Walter Turton*. Inh.: J. P. Stevens & Co., Inc., New York, N. Y. A. 24.12. 64, B. 20. 6. 67. Kl.: 57–140. 16 Anspr. A.-Z.: 421055. Entspr. SzP 444370 u. SzP 447466.

Klasse 29b. Chemische Gewinnung bzw. Herstellung von Spinnfasern und Fäden sowie ihre Präparation für die textile Weiterverarbeitung

DDP 58569. Verfahren zum Aufschließen entholzter Bastfasern. Erf. u. Inh.: *Alfons* Zwicke, Dresden, u. *Klaus-Christoph Menzel*, Radebeul. A. 21. 7. 65, B. 5. 11. 67. Kl.: 29bk, 2/01. A.-Z.: WP 29b/112124.

DAS 1251464. Verfahren zur Behandlung von Flachsfasern. Erf.: *Walter Theophiel Florent Hennion*. Anm.: Union Financière d'Anvers B. U. F. A. S. A.; Financieverbond van Antwerpen B. U. F. A. N. V., Antwerpen (Be). A. 25. 5. 61, B. 5. 10. 67. Kl.: 29b, 2/01. A.-Z.: U 8048/29b. Prior.: 3. 6. 60 (Be; A.-Z.: 469860).

DAS 1250051. Verfahren zur Herstellung von Fäden, Fasern oder Folien aus regenerierter Cellulose. Erf.: *Gustav Lietz*, *Karl Goldann* u. *Fritz Leimbach*. Anm.: Böhme Fettchemie GmbH, Düsseldorf, Henkelstraße. A. 17. 7. 61, B. 14. 9. 67. Kl.: 29b, 3/20. A.-Z.: B 63300 IVc/29b.

DAS 1250963. Naßspinnverfahren zur Herstellung von Fasern und Fäden aus Cellulosetriacetat. Erf.: *Paul Ernst* u. *Walter Fischer*. Anm.: Celanese Corp. of America, New York, N. Y. (US). A. 21. 9. 57, B. 28. 9. 67. Kl.: 29b, 3/30. A.-Z.: W 21920 IVc/29b.

DAS 1248220. Verfahren zur Herstellung von Fäden und Fasern aus Polyamiden. Erf.: *Otto Unger* u. *Günther Nawrath*. Anm.: Farbenfabriken Bayer AG, Leverkusen. A. 8. 5. 64, B. 24. 8. 67. Kl.: 29b, 3/60. A.-Z.: F 42823 IVc/29b

DAS 1248857. Reifenkordfasern aus alkalisch polymerisierten Lactamen. Erf.: *Adolf Steinhofer*, *Günter Becht*, *Karl Dachs* u. *Hans Wilhelm*. Anm.: Badische Anilin- & Soda-Fabrik AG, Ludwigshafen/Rh. A. 22. 7. 61, B. 31. 8. 67. Kl.: 29b, 3/60. A.-Z.: B 63369 IVc/29b. Entspr. GBP 969989.

DAS 1250964. Verfahren zum Herstellen von strukturgekräuselten Fäden und Fasern aus Polyamiden. Erf.: *Harry Kubitzek*, *Otto Unger*, *Günter Nawrath*, *Alfred Reichle* u. *Günther Nischk*. Anm.: Farbenfabriken Bayer AG, Leverkusen, A. 25. 6. 64, B. 28. 9. 67. Kl.: 29b, 3/60. A.-Z.: F 43260 IVc/29b. Entspr. FrP 1439411.

DAS 1251465. Verfahren zum Verbessern der Anfärbbarkeit von Polyesterfäden. Erf.: *Rosl Kretsch-Hothum* u. *Adolf Hartmann*. Anm.: Farbwerke Hoechst AG vorm. Meister Lucius & Brüning, Frankfurt/M. A. 4. 1. 63, B. 5. 10. 67. Kl.: 29b, 3/60. A.-Z.: F 38709 IVc/29b. Entspr. FrP 1378694 u. GBP 1040092.

FrP 1495835. Fibrillares chemisches Produkt, Verfahren und Vorrichtung zu dessen Herstellung sowie aus diesem Produkt erhaltene Erzeugnisse. Inh.: Algemene Kunstzijde Unie N. V. A. 4. 10. 66, B. 22. 9. 67. Int. Kl.: D 01d. A.-Z.: 78702. Prior.: 6. 10. 65 (Nd; A.-Z.: 6512918).

JaP 13544/67. Lösungsmittelgemisch. Inh.: Teijin Ltd. A. 8. 11. 63, B. 1. 8. 67.

SUP 202429 (Urheberschein). Verfahren zur Herstellung von modifizierten Polyamidfaserstoffen. Erf.: *N. N. Bogdanov*, *A. U.-A. Leščiner* u. *L. A. Pljaškevič*. Anm.: Vsesojuznyj naučno-issledovatel'skij institut iskusstvennogo volokna. A. 27. 11. 65, B. 14. 9. 67. Kl.: 29b, 3/60 (8 m, 1/05). A.-Z.: 1039834/23–5.

SzP 447470. Verfahren zur Herstellung von Seiden aus Acrylnitrilpolymeren. Erf.: *Corrado Mazzolini* u. *Alfredo Bariosco*. Inh.: Monsanto Chemical Co., 800 North Lindbergh Bouleward, St. Louis, Mo. (US). A. 15. 10. 63. Kl.: 29b, 3/65. A.-Z.: 12615/63. Prior.: 16. 10. 62 (It; A.-Z.: 20365/62). Entspr. FrP 1385441.

FrP 90042 Zus. z. Pat. 1257522. Verfahren zur Herstellung harzartiger Produkte, die insbesondere zur Erzeugung von Textilfasern aus synthetischen Polymeren geeignet sind. Erf.: *G. Cantatore* u. *A. Benvicini*. Inh.: Montecatini Soc. Gen. per l'Industria Mineraria e Chimica. A. 9. 5. 66, B. 29. 9. 67. Int. Kl.: C 08g, C 08f u. D 01f. A.-Z.: 60745. Prior.: 14. 5. 65 (It; A.-Z.: 10891/65). Entspr. GBP 1078585.

JaP 13729/67. Herstellung von Elastomerfaserstoffen. Inh.: Teijin Co. Ltd. A. 28. 6. 63, B. 3. 8. 67. A.-Z.: 33109/63.

SUP 203832 (Urheberschein). Verfahren zur Herstellung von flammfesten Faserstoffen, Folien und Geweben auf Polyvinylalkoholbasis. Erf. u. Anm.: *N. M. Volgina*, *A. I. Meos*, *L. A. Vol'f* u. *K. D. Tammuk*. A. 25. 9. 65, B. 9. 10. 67. Kl.: 29b, 3/67. A.-Z.: 1030007/23-5.

DAS 1248858. Verfahren zur Verbesserung der Eigenschaften von Fäden aus synthetischen Hochpolymeren. Erf.: *Herbert Bastian*, *Wilhelm Happe* u. *Rosel Kretsch*. Anm.: Farbwerke Hoechst AG vorm. Meister Lucius & Brüning, Frankfurt/M. A. 17. 12. 63, B. 31. 8. 67. Kl.: 29b, 3/70. A.-Z.: F 41565 IVc/29b.

JaP 13422/67. Schlichtekomposition. Inh.: Nihon Gosei Kagaku Kogyo Co. A. 11. 9. 64, B. 31. 7. 67. A.-Z.: 51378/64.

GBP 1037935. Verfahren zur Herstellung von Seiden mit transversalen Eigenschaften und auf diese Weise erhaltene Seiden. Inh.: British Nylon Spinners Ltd. A. 13. 4. 65, B. 3. 8. 66. Kl.: B5.B. Int. Kl.: D 06m. A.-Z.: 16426/64. Entspr. FrP 1436229.

JaP 13740/67. Polypropylenseide. Inh.: Mitsubishi Rayon Co. Ltd. A. 20. 6. 64, B. 3. 8. 67. A.-Z.: 35002/64.

SUP 203158 (Urheberschein). Verfahren zur Nachbehandlung von Kapronfaserstoff. Erf.: *V. I. Luzan*. Anm.: Institut chimii vysokomolekuljarnych soedinenij AN Ukrainskoj SSR. A. 26. 2. 66, B. 28. 9. 67. Kl.: 29b, 5/04. A.-Z.: 1057740/23–5.

USP 3347969. Verfahren zur Herstellung gekräuselter Polyoxymethylenseiden. Erf.: *Gregory M. Moelter*. Inh.: Celanese Corp. A. 1. 8. 62, B. 17. 10. 67. Kl.: 264–210. 2 Anspr. A.-Z.: 213882.

Klasse 32a, 37/00. Herstellung von Fasern oder Fäden aus flüssigem Glas, flüssigen Mineralien oder flüssiger Schlacke

USP 3348956. Schwerschmelzbare Faserkomposition. Erf.: *Wendell Graydon Ekdahl*. Inh.: Johns-Manville Corp., New York, N. Y. A. 30. 12. 65, B. 24. 10. 67. Kl.: 106–65. 4 Anspr. A.-Z.: 517820.

FrP 1494595. Schleuder zur Herstellung von mineralischen Fasern. Erf.: *A. P. Solyarsky*, *I. A. Eremin*, *S. V. Bolshakov*, *N. J. Rybakov*, *S. M. I. Batukhina*, *A. V. Mishke*, *G. F. Kuznetsov*, *V. A. Andreev*, *Y. K. Fedorchenko* u. *M. R. Smorodinsky*. Inh.: Vsesojuzny Naučno-Issledovatelsky i Proektny Institut Teploproekt. A. 27. 9. 66, B. 7. 9. 67. Int. Kl.: C 03b. A.-Z.: 77861.

PoP 54361 Zus. z. Pat. 53971. Verfahren zur Herstellung von endlosen Glasfäden. Erf.: *Antoni Zawadziki*, *Stanisław Spionek*, *Zbigniew Wieczorkowski*, *Danuta Niedzielska*, *Edmund Malinowski*, *Włodzimierz Wroński*, *Tadeusz Myszkorowski* u. *Zdanisław Jasiak*. Inh.: Instytut Włókien Sztucznych i Syntetícznych, Łódź (Po). A. 9. 8. 66. Kl.: 32a, 37/08.

Klasse 39b. Verarbeiten von plastischen Massen, Kautschuk und hornartigen Stoffen, soweit nicht anderweitig vorgesehen (chemischer Teil), auch von Brems- und Schleifmassen sowie thermischen und akustischen Isoliermassen (teilweise)

SUP 203208 (Urheberschein). Verfahren zur Erhöhung der Haftfestigkeit zwischen Gummi und Textilmaterialien. Erf. u. Anm.: *I. I. Ejtingon*, *A. G. Svarc*, *M. S. Dostjan*, *I. I. Žukova* u. *V. G. Frolikova*. A. 30. 11. 65, B. 28. 9. 67. Kl.: 39b, 5/18. A.-Z.: 1040561/23–5.

USP 3274013. Schrumpfbares Regeneratcelluloseband, das durchscheinende Glimmerflocken enthält. Erf.: *Irving Paul Batt*. Inh.: E. I. du Pont de Nemours and Co., Wilmington, Del. A. 21. 3. 63, B. 20. 9. 66. Kl.: 106–168. 15 Anspr. A.-Z.: 266833.

JaP 15562/67. Verbesserung der Farbstoffempfindlichkeit. Inh.: Hodogaya Kagaku Kogyo Co. A. 16. 9. 65, B. 28. 8. 67. A.-Z.: 56372/65.

DAS 1251521. Umsetzungsprodukte von Polyarylalkylenpolyisocyanaten für die Herstellung von vernetzten Polyurethankunststoffen. Erf.: *George A. Hudson*, *Kenneth A. Pigott* u. *James H. Saunders*. Anm.: Mobay Chemical Co., Pittsburgh, Pa. (US). A. 9. 12. 64, B. 5. 10. 67. Kl.: 39b, 22/04. A.-Z.: H 63417 IVc/39c. Prior.: 23. 12. 63 (US; A.-Z.: 332920, USP 3294713. Entspr. FrP 1425572 u. GBP 1056230.

JaP 14175/67. Optisch aktive Alaninlösungen. Inh.: Asahi Chem. Ind. Co. Ltd. A. 25. 10. 63, B. 10. 8. 67. A.-Z.: 14175/67.

JaP 14471/67. Innerlich weichgemachte Melamin/Formaldehyd-Harzlösung. Inh.: Hitachi, Kasei Kogyo Co. A. 11. 2. 64, B. 14. 8. 67. A.-Z.: 6863/64.

USP 3244673. Polyurethane aus monocarbonsäurehaltigen Polyestern. Erf.: *Pieter Bruin* u. *Maarten Sluis*. Inh.: Shell Oil Co., New York, N. Y. A. 8. 10. 62, B. 5. 4. 66. Kl.: 260–76. 4 Anspr. A.-Z.: 229207. Prior.: 10. 10. 61 (Nd; A.-Z.: 270073). Entspr. GBP 1001293.

DAS 1248289. Stabilisieren von Acrylnitrilpolymerisat-Lösungen. Erf.: *Heino Logemann* u. *Ernst Roos*. Anm.: Farbenfabriken Bayer AG, Leverkusen. A. 10. 3. 60, B. 24. 8. 67. Kl.: 39b, 22/06. A.-Z.: F 36080 IVc/39b.

DAS 1249522. Verfahren zur Herstellung von in Wasser dispergierbaren feinen Teilchen von Kohlenwasserstoffpolymerisaten. Erf.: *Jacques Abraham Waterman* u. *Gerardus Engelbertus La Heij*. Anm.: Shell Internationale Research Maatschappij N. V., Den Haag. A. 14. 6. 65, B. 7. 9. 67. Kl.: 39b, 22/06. A.-Z.: S 97610 IV/39b. Prior.: 15. 6. 64 (Nd; A.-Z.: 6406756).

DAS 1250632. Flammwidrige Styrolpolymerisate. Erf.: *Eberhard Praetzel*, *Ernst-Friedrich Wirth* u. *Herbert Jenkner*. Anm.: Chemische Fabrik Kalk GmbH, Köln-Kalk, Kalker Hauptstr. 22. A. 1. 2. 65, B. 21. 9. 67. Kl.: 39b, 22/06. A.-Z.: C 34987 IVc/39b. Entspr. FrP 1466028.

SzP 445113. Polymerisatmischung und Verfahren zu deren Herstellung. Erf.: *Kiyokazu Imai* u. *Yutaka Sakurada*. Inh.: Kurashiki Rayon Co. Ltd., No. 1621, Sakazu, Kurashiki City (Ja). A. 11. 4. 63. Kl.: 39b, 22/06. A.-Z.: 4671/63. Prior.: 27. 4. 62 (Ja; A.-Z.: 17063/62). Entspr. FrP 1368766 u. GBP 1020162.

SzP 445114. Verfahren zur Herstellung von gegen Hitze, Licht und Alterung stabilisierten Formgebilden sowie hierfür verwendbare Polymermischung. Erf.: *Mario Compostella*. Inh.: Montecatini Soc. Gen. per l'Industria Mineraria e Chimica, Mailand (It). A. 17. 7. 63. Kl.: 39b, 22/06 (29b, 3/65). A.-Z.: 8937/63. Prior.: 18. 7. 62 (It; A.-Z.: 14445/62). Entspr. DDP 44953, FrP 1362395 u. GBP 982472.

JaP 13525/67. Eigenschaftsverbesserung linearer Polymerer. Inh.: Japan Bureau of Industrial Technics. A. 11. 5. 65. B. 1. 8. 67.

JaP 14170/67. Vinylchloridharzkomposition. Inh.: Japan Geon Co. Ltd. A. 14. 10. 64, B. 10. 7. 67.

ČSP 124928. Verfahren zur Regulierung der Teilchengröße von Polyvinylacetatdispersionen. Erf.: *Severín Sulan*. A. 4. 5. 66, B. 15. 4. 57. Kl.: 39b, 22/06. Int. Kl.: C 08h. A.-Z.: 2979/66.

USP 3350347. Stabilisiertes Polypropylen. Erf.: *John A. Casey*. Inh.: Sun Oil Co., Philadelphia, Pa. A. 29. 7. 60, B. 31. 10. 67. Kl.: 260–45,95. 8 Anspr. A.-Z.: 46046.

ČSP 125269. Verfahren zur Herstellung von Pfropf-Copolymeren der Cellulose. Erf.: *Miroslav Bešek* u. *Jaroslav Jarkovský*. A. 18. 4. 66, B. 15. 5. 67. Kl.: 39b, 22/10. Int. Kl.: C 08f. A.-Z.: 2545/66.

Klasse 39c. Herstellung von Kunstharzen

FrP 1495559. Polyurethan, Herstellungsverfahren und daraus resultierende adhärierende Kompositionen. Inh.: The Standard Products Co. A. 8. 8. 66, B. 22. 9. 67. Int. Kl.: C 08g u. C 09j. A.-Z.: 72431.

ČSP 124942. Verfahren zur Herstellung von Polyurethanen oder Polyurethanharnstoffen mit regulierter relativer Molekülmasse. Erf.: *František Hadabás* u. *Zdenek Janík*. A. 4. 6. 66, B. 15. 4. 67. Kl.: 39c, 15. Int. Kl.: C 08g. A.-Z.: 3800/66.

FrP 1495089. Anionische Polymerisation von Lactamen mit N-Chlorcarbonyl-2-chlor-2,3-dihydro-polymethylenimin als Cokatalysator. Erf. *K. Oka*, *S. Tekiura*, *T. Yamamoto*, *Y. Sasaki* u. *H. Ishida*. Inh.: Ube Industries Ltd. A. 15. 9. 66, B. 15. 9. 67. Int. Kl.: C 08g. A.-Z.: 76412.

USP 3350365. Verfahren zur Polymerisation von N-Carboxy-d-aminosäureanhydriden. Erf.: *Ryoichi Wakasa*, *Shinichi Ishida* u. *Junichi Takeda*. Inh.: Asahi Kasei Kogyo Kabushiki Kaisha, Osaka (Ja). A. 27. 3. 64, B. 31. 10. 67. Kl.: 260–78. 26 Anspr. A.-Z.: 355454. Prior.: 30. 3. 63 (Ja; A.-Z.: 38/14251). Entspr. GBP 1024393.

DAS 1250122. Verfahren zur Herstellung von Formkörpern oder Überzügen auf der Basis von Epoxyd-Polyaddukten. Erf.: *Franz Steden*, *Hugo Schädler*, *Oskar Lissner* u. *Ludwig Schuster*. Anm.: Badische Anilin- & Soda-Fabrik AG, Ludwigshafen/Rh. A. 20. 11. 64, B. 14. 9. 67. Kl.: 39c, 13. A.-Z.: B 79418 IVd/39c. Entspr. FrP 1456153.

USP 3350374. Verfahren zur Herstellung von Polymeren aus Hydroxytetrazolverbindungen und von Polymeren aus Hydrazidoximverbindungen und Produkte. Erf.: *Charles Fetscher* u. *Stanley Lipowski*. Inh.: Nopco Chemical Co., Newark, N. J. A. 30. 4. 63, B. 31. 10. 67. Kl.: 260–88,7. 18 Anspr. A.-Z.: 276979.

SzP 445123. Verfahren zur kontinuierlichen Herstellung von Co-Polyätherestern aus Terephthalsäuren, aromatischen Oxysäuren und Glykolen. Erf.: *Johann Giesen, Wolfgang Griehl* u. *Hans Lückert*. Inh.: Inventa AG für Forschung und Patentverwertung, Zürich, Stampfenbachstraße 38, Zürich 23. A. 6. 2. 63. Kl.: 39c, 16. A.-Z.: 1451/63. Entspr. FrP 1386676 u. GBP 1046526.

FrP 1491781. Verfahren zur Polymerisation von Lactonen. Inh.: Shell Internationale Research Maatschappij N. V. A. 5. 9. 66. B. 11. 8. 67. Int. Kl.: C 08g. A.-Z.: 75283. Prior.: 7. 9. 65 (Nd; A.-Z.: 6511629).

JaP 14473/67. Färbbarkeit von Polyesterfasern. Inh.: Kurashiki Rayon Co. Ltd. A. 2. 12. 63, B. 14. 8. 67. A.-Z.: 64620/63.

PoP 54521. Verfahren zur Herstellung von farblosen und lichtbeständigen ungesättigten Polyesterharzen. Erf.: *Ryszard Ostrysz, Irena Ostaszewska, Zofia Piotrowska* u. *Henryka Tyman*. Inh.: Instytut Tworzyw Sztucznych, Warschau (Po). A. 5. 7. 65. Kl.: 39c, 16.

USP 3351611. Lineare aromatische Polyester. Erf.: *André Jan Conix*. Inh.: Gevaert Photo-Producten N. V., Mortsel (Be). A. 8. 11. 65, B. 7. 11. 67. Kl.: 260–47. 5 Anspr. A.-Z.: 506854. Prior.: 13. 12. 57 (Be; A.-Z.: 37742, BeP 563173).

USP 3347830. Verfahren zur Polymerisation von Formaldehyd. Erf.: *Nobuyaki Nakajima*. Inh.: W. R. Grace & Co., New York, N. Y. A. 30. 7. 64, B. 17. 10. 67. Kl.: 260–67. 14 Anspr. A.-Z.: 386423. Entspr. FrP 1497463 u. GBP 1041770.

USP 3351614. Verfahren zur Veresterung von Polyoxymethylenen. Erf.: *Leonardo Fiore* u. *Vittorio Tablino Possio*. Inh.: Montecatini Edison S. p. A. Mailand (It). A. 26. 7. 63, B. 7. 11. 67. Kl.: 260–67. 7 Anspr. A.-Z.: 298527. Prior.: 27. 7. 62 (It; A.-Z.: 15193/62). Entspr. DAS 2205280, SzP 430213, FrP 1364410 u. GBP 970033.

USP 3350356. 1-Chlor-2-chlorcarbonatobutanon-(3) und Verfahren zur Polymerisation. Erf.: *Charles H. Schramm* u. *Morris Zief*. Inh.: J. T. Baker Chemical Co., Phillipsburgh, N. J. A. 26. 6. 64, B. 31. 10. 67. Kl.: 260–63. 4 Anspr. A.-Z.: 378448.

DDP 58385. Verfahren zur Herstellung eines Polymerisationskatalysators. Erf.: *Ryo Matsuura, Shigeo Kamimura, Koichiro Iwasaki, Kazuo Yamaguchi, Jihei Inomata* u. *Genjiro Kakogawa*. Inh.: Mitsubishi Chemical Industries Ltd., Tokio (Ja). A. 28. 3. 66, B. 20. 10. 67. Kl.: 39c, 25/01. A.-Z.: AP 39c/116751.

DDP 58386. Verfahren zur Regelung des Äthylenpolymerisationsprozesses unter hohem Druck. Erf. u. Inh.: *Manfred Rätzsch*, Leuna u. *Reinhard Nietzsche*, Merseburg. A. 7. 6. 66, B. 20. 10. 67. Kl.: 39c, 25/01. A.-Z.: WP 39c/117985.

DAS 1251532. Verfahren zur Aufarbeitung von Polyolefinsuspensionen. Erf.: *Anton Staller, Otto Fuchs, Dieter Ulmschneider* u. *Josef Walter*. Anm.: Farbwerke Hoechst AG vorm. Meister Lucius & Brüning, Frankfurt/M. A. 25. 9. 63, B. 5. 10. 67. Kl.: 39c, 25/01. A.-Z.: F 40827 IVd/39c. Entspr. FrP 1410555, GBP 1082980 u. USP 3284429.

SzP 447615. Verfahren zur Herstellung von Vinylchloridpolymeren. Erf.: *Akihido Nakamura, Iko Ito* u. *Kiyohiro Kanbara*. Inh.: Sumitomo Chemical Co., Ltd., 15, Kitahama-5-chome, Higashi-ku, Osaka (Ja). A. 10. 9. 65. Kl.: 39c, 25/01. A.-Z.: 12655/65. Prior.: 12. 9. 64 (Ja; A.-Z.: 52293/64). Entspr. FrP 1446761 u. GBP 1085114.

GBP 1086257. Fluorsubstituierte Kohlenwasserstoff-Copolymere. Inh.: Montecatini Soc. Gen. per l'Industria Mineraria e Chimica. A. 26.7.65, B. 4. 10. 67. Kl.: C 3.P. Int. Kl.: C 08f 15/40. A.-Z.: 31742/65. Prior.: 31. 7. 64 (It; A.-Z.: 16845). Entspr. FrP 1451581.

JaP 13459/67. Rückgewinnung von nichtumgesetzten Monomeren. Inh.: Nihon Exlan Industry Co. Ltd. A. 28. 11. 64, B. 31. 7. 67.

JaP 13613/67. Lösungspolymerisation von Acrylnitril. Inh.: Toyo Rayon Co. Ltd. A. 21. 10. 63, B. 2. 8. 67. Kl.: 26 B.

USP 3350373. Copolymere aus 1,2,3,3,3-Pentafluorpropylen und Tetrafluoräthylen sowie Verfahren zu ihrer Herstellung. Erf.: *Dario Sianesi, Gian Carlo Bernardi* u. *Gianfranco Diotalleri*. Inh.: Montecatini Edison S. p. A., Mailand (It). A. 23. 1. 64, B. 31. 10. 67. Kl.: 260–87,5. 18 Anspr. A.-Z.: 339585. Prior.: 25. 1. 63 (It; A.-Z.: 1587/63). Entspr. SzP 431999, FrP 1384989 u. GBP 1027411.

Klasse 42k, 50. Textilprüfung, Verfahren, Vorrichtungen und Maschinen zum Prüfen von Fasern, Fäden, Garnen, Geweben auf ihre mechanischen und Festigkeitseigenschaften, auf Spannungen, mechanische Unregelmäßigkeiten, Drall (Drehung), Porosität

DDP 58403. Vorrichtung zum Vorspannen und Abführen von fadenförmigem Prüfgut bei der Festigkeitsprüfung in vorzugsweise automatischen Zugfestigkeitsprüfmaschinen. Erf. u. Inh.: *Erich Priestel*, Böhlitz-Ehrenberg. A. 2. 11. 66, B. 20. 10. 67. Kl.: 42k, 50. A.-Z.: WP 42k/120691.

SUP 204010 (Urheberschein). Gerät zur Bestimmung der elastischen Eigenschaften synthetischer Kräuselfäden. Erf.: *Z. A. Torkunova, L. V. Smirnova, V. I. Venediktova, L. N. Egorov* u. *A. F. Gorelov*. Anm.: Vsesojuznyj naučno-issledovatel'skij institut trikotažnoj promyšlennosti. A. 22. 4. 66, B. 9. 10. 67. Kl.: 42k, 50. A.-Z.: 1072547/28–12.

SUP 204011 (Urheberschein). Gerät für zyklische Schließen/Öffnen-Prüfungen eines Webreißverschlusses. Erf.: *Ju. I. Maslennikov* u. *V. A. Rymar'*. Anm.: Naučno-issledovatel'skij institut po pererabotke iskusstvennych i sintetičeskich volokon. A. 6. 6. 66, B. 9. 10. 67. Kl.: 42k, 50. A.-Z.: 1081089/23–12.

USP 3347102. Verfahren und Vorrichtung zur Baumwollprobenahme. Erf.: *Rufus K. Phillips*. Inh.: Continental/Moss-Gordin, Inc., Prattville, Ala. A. 6. 5. 65, B. 17. 10. 67. Kl.: 73–423. 13 Anspr. A.-Z.: 453653.

Klasse 55b. Verfahren zur Herstellung von Zellstoff, Zellstoffkocher, Wiedergewinnung der Ablaugen und Abgase

SvP 209571. Verfahren und Vorrichtung zur kontinuierlichen Zellstoffherstellung aus Celluloserohmaterial. Erf.: *G. H. Tomlinson*, Inh.: Domtar Ltd., Montreal, (Ca). A. 17. 10. 63, B. 6. 12. 66. Kl.: 55b, 1/01. Prior.: 20. 10. 62 (Ca; A.-Z.: 860584). Entspr. DAS 1246384, FrP 1372871 u. USP 3258390.

ČSP 124678. Verfahren zur Herstellung von Faserstoffen. Erf.: *Arne Johan Arthur Asplund* u. *Rolf Bertil Reinhall*. A. 2. 4. 64, B. 15. 4. 67. Kl.: 55b, 1/01. Int. Kl.: D 21c. A.-Z.: 1904/64. Prior.: 3. 4. 63 (Sv).

USP 3347739. Kontinuierliches Natriumsulfidkochverfahren für Cellulosematerial. Erf. u. Inh.: George H. Tomlinson II, Long Sault, Ontario (Ca). A. 13. 9. 63, B. 17. 10. 67. Kl.: 162–30. 11 Anspr. A.-Z.: 308777. Prior.: 15. 9. 62 (Ca; A.-Z.: 858073. CaP 725072). Entspr. FrP 1375278.

SvP 209911. Verfahren und Anlage zum kontinuierlichen Aufschluß von celluloseshaltigem Material. Erf.: *J. C. F. C. Richter*. Inh.: Aktiebolaget Kamyr, Karlstad. A. 4. 4. 59, B. 20. 12. 66. Kl.: 55b, 2/10.

Literaturschau

Auszug aus Lieferung 11 und 12/1968 der Referatekartei „Faserstoffe und Textiltechnik", zusammengestellt von der Abteilung Wissenschaftliches Berichtswesen des Instituts für Faserstoff-Forschung der DAW, 153 Teltow-Seehof, Kantstr. 55

I. Wissenschaftliche Grundlagen

Allgemeines

(Untersuchungsmethoden u. a.)

Glejm, V. G., Chentov, V. Ja.: Halbautomatisches elektrisches Viskosimeter. Ž. fizič. Chimii (Z. physik. Chemie) **42** (1968) 2, S. 555–556.

Teichgräber, M.: Numerische Differentiation von Molekulargewichtsverteilungskurven. Faserforsch. u. Textiltechnik **19** (1968) 6, S. 249 bis 252.

Cornet, C. F.: Turbidimetrie als ein Mittel für die Charakterisierung von Molekulargewichtsverteilungen. Polymer, London **9** (1968) 1, S. 7–14.

Hlaváček, V., Marek, M., Kořinkova, M.: Über die Auswertung von differentialen und integralen kinetischen Daten. Chem. Prům., Praha (Chem. Ind.) **18(43)** (1968) 4, S. 206–208.

Neue Möglichkeiten der Mikroskopie. Allg. prakt. Chemie, Wien **19** (1968) 3, S. 95–97.

Wohlrabe, W., Seiffahrt, K.: Automatischer Probewechsler für das Infrarotspektralphotometer UR 10. Chem. Technik **20** (1968) 5, S. 298–299.

Lange, H.: Bestimmung von Teilchengrößen aus Trübung und Brechungsinkrement. Kolloid-Z./Z. Polymere **223** (1968) 1, S. 24–30.

Palermo, J. A.: Kristallisation. IEC. Ind. engng. Chem. **60** (1968) 4, S. 65 bis 93.

Bergmann, G.: Magnesium als stabilisierendes Element in alkalischen Wasserstoffperoxydlösungen. Textil-Praxis **23** (1968) 4, S. 261–264.

Physik und Chemie der Hochpolymeren

Antoškina, T. F., Šerčenko, A. S., Judin, A. V., Konkin, A. A.: Die rheologischen Eigenschaften konzentrierter Lösungen aus Mischungen von Polyacrylnitril (PVY) mit Polyvinylalkohol (PVA) und mit Pfropfcopolymeren (PVY/PVA). Izv. vysšich uč. Zav. Technol. legkoj Prom. (Hochschulnachr. Technol. Leichtind.) (1968) 1, S. 48–54.

Yu, H., Stockmayer, W. H.: Viskositätszahl eines einmal gespaltenen Stäbchens. J. chem. Physics **47** (1967) 4, S. 1369–1373.

Asmussen, F., Ueberreiter, K.: Die Auflösungsgeschwindigkeit von Polymeren. V. Mitteilung: Interferometrische Messungen der stationären Diffusion von Lösungsmitteln wachsender Molekülgröße in Polystyrol. Kolloid. Z./Z. Polymere **223** (1968) 1, S. 6–13.

Roman, A., Scondac, I.: Physikalische Chemie von Polymeren. VIII. Viskosimetrische Titration von Acrylsäure/Methacrylsäure-Copolymeren. Makromol. Chemie **113** (1968) S. 171–181 (engl.).

Nikitin, V. N., Volček, B. Z.: Einfluß der inter- und intramolekularen Ordnung auf die UR-Absorptionsspektren von Polymeren. Usp. Chimii (Fortschr. d. Chemie) **37** (1968) 3, S. 504–534.

Zbankov, R. G., Komar, V. P., Zueva, R. V., Kozlov, P. V.: Besonderheiten der Ultrarotspektren von Celluloseacetaten in Abhängigkeit von ihrem Phasenzustand und ihrer Orientierung. Vysokomol. Soed. (Hochmol. Verbind.) **10** A (1968) 3, S. 671–678.

Thurston, G. B.: Einfluß einer endlichen Anzahl von Segmenten auf den Extinktionswinkel der Strömungsdoppelbrechung sowie auf die Bestimmung der inneren Viskosität und der Ketten-Relaxationszeit. Kolloid-Z./Z. Polymere **222** (1968) 1, S. 34–39 (engl.).

Michajlov, G. P., Ševeljov, V. A.: Untersuchung der Beweglichkeit und des sterischen Einflusses von α-Methylgruppen in Copolymeren des Methylmethacrylates mit Methylacrylat und Styrol mit Hilfe der MKR-Impulsmethode. Vysokomol. Soed. (Hochmol. Verbind.) **10** A (1968) 3, S. 617 bis 625.

Iwasaki, M., Toriyama, K., Sawaki, T., Inoue, M.: Elektronenspinresonanz von γ-bestrahlten Tetrafluoräthylen/Hexafluorpropylen-Copolymeren. J. chem. Physics **47** (1967) 2, S. 554–559.

Zelenev, Ju. V., Ajvazov, A. B.: Gerät für die Bestimmung dynamischer Kriterien von Polymeren nach der Resonanzmethode. Zavodsk. Labor., Moskva (Betriebslabor) **34** (1968) 2, S. 236–237.

Dolmetsch, H.: Elektronenmikroskopische Abgrenzung der Kristallite und der zugänglichen Bereiche minderer Ordnung in Cellulosefasern. Papier **22** (1968) 4, S. 196–197.

Williams, R. J., Hudson, R. W. A.: Einige Arbeitsweisen für die elektronenmikroskopische Untersuchung von hochschlagfestem Polystyrol. Polymer, London **8** (1967) 12, S. 643–650.

Richards, S., Morris, M. A., Arkley, T. H.: Die Anwendung der Röntgenfluoreszenzspektroskopie zur Messung der Menge von Schmutz in Wollgeweben. Textile Res. J. **38** (1968) 1, S. 105–107.

Niegisch, W. D.: Molekulare Orientierung in Poly-p-xylylenfilmen. J. appl. Physics **38** (1967) 11, S. 4110–4117.

MacNulty, B. J.: Die Struktur von Polycarbonatsphärolithen. Polymer, London **9** (1968) 1, S. 41–44.

Ziabicki, A.: Kinetik der Kristallisation und molekularen Orientierung von Polymeren, während des Schmelzspinnens. J. appl. Polymer Sci./Appl. Polymer Symposia (1967) 6, S. 1–18.

Ray, P. K.: Über die Kristallitorientierung in Jute- und Mestafasern bei unterschiedlichen Feuchtebedingungen. J. appl. Polymer Sci. **11** (1967) 10, S. 2021–2028.

Gubanov, E. F., Tejtel'baum, B. Ja., Sinajskij, A. G., Apuchtina, N. P.: Über die Rolle amorpher Blöcke in kristallinen Gebilden von Polyesterurethan-Blockcopolymeren. Dokl. Akad. Nauk SSSR (Ber. Akad. Wiss. UdSSR) **179** (1968) 3, S. 621–623.

Whalen, J. W., Wade, W. H., Porter, J. J.: Die spezifische Oberfläche und Teilchenstruktur von Teflon 6. J. colloid interface Sci. **24** (1967) 3, S. 379 bis 383.

Illers, K.-H., Hendus, H.: Schmelzpunkt und Kristallgröße von aus Schmelze und Lösung kristallisiertem Polyäthylen. Makromol. Chemie **113** (1968) S. 1–22.

Kawai, T., Hama, T., Ehara, K.: Die Faltungsperiode von Polymereinkristallen als Funktion des Molekulargewichtes. Makromol. Chemie **113** (1968.) S. 282–287 (engl.).

Boman, N., Treiber, E.: Teilchen in Viskose. Svensk Papperstidn. **71** (1968) 7, S. 267–277 (engl.).

Snyder, R. G.: Schwingungsuntersuchungen der Kettenkonformation bei flüssigen n-Paraffinen und geschmolzenem Polyäthlyen. J. chem. Physics **47** (1967) 4, S. 1316–1360.

Munekata, S., Sobue, H.: Der Einkristall von Cellulose. J. Polymer Sci., B: Polymer Letters **5** (1967) 11, S. 1043–1045.

Tasumi, M., Zerbi, G.: Frequenzverteilung von statistischen Polymeren. J. Polymer Sci., B: Polymer Letters **5** (1967) 11, S. 985–988.

Statton, W. O.: Kohäsion und Deformation lamellarer Kristalle nach dem Tempern. J. appl. Physics **38** (1967) 11, S. 4149–4151.

McMahon, P. E., McCullough, Schlegel, A. A.: Molekularmechanik punktförmiger Defekte in Polyäthylen. J. appl. Physics **38** (1967) 11, S. 4123 bis 4139.

Smith, F. R.: Morphologie bei der Viskosefadenbildung. J. appl. Polymer Sci./Appl. Polymer Symposia (1967) 6, S. 79–88.

Nettelnstroth, K.-M.: Zur Morphologie der Leinenfaser. Melliand Textilber. **49** (1968) 5, S. 565–572.

Binsbergen, F. L., De Lange, G. M.: Morphologie von aus der Schmelze kristallisiertem Polypropylen. Polymer, London **9** (1968) 1, S. 23–40.

Peterlin, A., Sakaoku, K.: Oberflächenabgüsse von verstrecktem Polyäthylen. III. Die Morphologie des Verstreckens mit Einschnürungsbildung. J. appl. Physics **39** (1967) 11, S. 4152–4164.

Broadbent J. M., Kaye, A., Lodge, A. S., Vale, D. G.: Möglicher systematischer Fehler bei der Messung von Normalspannungsdifferenzen in Polymerlösungen beim Fließen unter gleichförmiger Schubspannung. Nature, London **217** (1968) 5123, S. 55–56.

Vinogradov, G. V., Malkin, A. Ja., Borisenkova, E. K., Jarlikov, B. V., Kargin, V. A.: Über einen neuen möglichen Mechanismus des nichtstationären Fließens von Polymerschmelzen. Dokl. Akad. Nauk SSSR (Ber. Akad. Wiss. UdSSR) **179** (1968) 6, S. 1366–1369.

Robeson, L. M., Smith, Th. G.: Desorption von Äthan/Butan-Gemischen von Polyäthylen. J. appl. Polymer Sci. **11** (1967) 10, S. 2007–2019.

Novák, K.: Bestimmung der Ungesättigtheit in niedermolekularem Polypropylen und in Modellverbindungen. Chem. Prüm., Praha (Chem. Ind.) **18(43)** (1968) 4, S. 192–196.

Auerbach, I.: Bestrahltes Polyäthylen. III. Beweis für einen ionischen Mechanismus der Allylradikalbildung. Polymer, London **9** (1968) 1, S. 1–6.

Predecki, P., Statton, W. O.: Ein Versetzungsmechanismus für Deformation in Polyäthylen. J. appl. Physics **38** (1967) 11, S. 4140–4144.

Predecki, P., Statton, W. O.: Die Bedeutung von Versetzungen beim Verstrecken. J. appl. Polymer Sci./Appl. Polymer Symposia (1967) 6, S. 165 bis 181.

Lange, P. W., Rolle, W., Runge, A., Hübner, H., Leibnitz, E.: Ein neues analytisches Verfahren zur Bestimmung von aufgenommenem Sauerstoff in Polycaprolactam mit Hilfe des stabilen Sauerstoffisotops. Faserforsch. u. Textiltechnik **19** (1968) 6, S. 285–287.

Chifor, A.: Bestimmung des Hydrolysegrades von Polyvinylacetat durch Differentialthermoanalyse. Materiale plast., Bucureşti **5** (1968) 1, S. 32 bis 33.

Čelnokova, Z. B., Bučačenko, A. L., Levin, P. I.: Über die gegenseitige Beeinflussung von Photo- und Thermostabilisatoren für Polypropylen. Vysokomol. Soed. (Hochmol. Verbind.) **10**B (1968) 2, S. 123–125.

Ėskin, V. E., Serdjuk, I. N.: Über den Temperaturkoeffizienten des spezifischen Partialvolumens und die Konformation von Makromolekülen. Dokl. Akad. Nauk SSSR (Ber. Akad. Wiss. UdSSR) **179** (1968) 6, S. 1396 bis 1399.

Ishida, Y., Togami, S., Yamafuji, K.: Dielektrisches Verhalten von stereoregulärem Polymethylmethacrylat. Kollld-Z./Z. Polymere **222** (1968) 1, S. 16–24 (engl.).

Bolewski, K., Rychly, B.: Polyelektrolyteigenschaften der Verbindung aus Polyvinylalkohol und Borsäure in verdünnten Lösungen. Polimery, Warszawa **12** (1967) 12, S. 556–559.

Bykov, A. N., Loginova, T. F., Golubeva, A. N., Mitjušina, V. I., Borodkin, V. F., Paklina, K. P.: Untersuchung von farbigen niedermolekularen Polyäthylenterephthalaten. Izv. vysšich uč. Zav., Chimija chim. Technol. (Hochschulnachr. Chemie chem. Technol.) **10** (1967) 11, S. 1270–1273.

Krutikova, V. Ja., Klimova, O. M., Ozerova, Ju. S.: Über das Verhalten von Polyvinylalkohol in wäßrigen Lösungen bei verschiedenen Temperaturen. Izv. vysšich uč. Zav. Chimija chim. Technol. (Hochschulnachr. Chemie chem. Technol.) **10** (1967) 12, S. 1345–1348.

Muroi, S., Hosoi, K., Ishikawa, T.: Alkalilöslichkeit von carboxylierten Polymeremulsionen. J. appl. Polymer Sci. **11** (1967) 10, S. 1963–1978.

Peebles, L. H., jr.: Über den Chromophor von Polyacrylnitril. J. Polymer Sci., A–1: Polymer Chem. **5** (1967) 10, S. 2637–2640.

Physik und Chemie der Monomeren und Oligomeren

Gerthsen, T., Meichelbeck, H.: Die Reaktivität von Wollcystin und -cystein in Wasser/Lösungsmittel-Gemischen. Melliand Textilber. **49** (1968) 5, S. 561–564.

Andreas, F., Gröbe, K.-H.: Über die Herstellung und Verwendung von Propylen. Chem. Technik **20** (1968) 3, S. 151–159; 5, S. 289–297.

Hladik, V., Svec, Z.: Potentiometrische Titration der Amylose mit Jod. Textil, Praha **23** (1968) 4, S. 148.

Bendit, E. G.: Die Verteilung von Fraktionen mit hohem und niedrigem Schwefelgehalt in Alpha-Keratin. Textile Res. J. **38** (1968) 1, S. 15–21.

Zilkha, A., Barzilay, I., Naiman, J., Feit, B.-A.: Die Reaktion von a,β-ungesättigten Nitrilen mit konzentrirter Schwefelsäure. J. org. Chem., Easton **33** (1968) 4, S. 1686–1689.

Subbotin, A. I.: Über die thermische Chlorierung von Vinylchlorid. Ž. org. Chimii (Z. organ. Chemie) **4** (1968) 3, S. 531.

Polymerisation

Panasenko, A. A., Goluber, V. B., Zubov, V. P., Kargin, V. A.: Untersuchung der Natur der für die Polymerisation von eingefrorenen molekularen Gemischen aus Magnesium und carbonylhaltigen Monomeren verantwortlichen aktiven Zentren mit Hilfe der PER-Methode. Vysokomol. Soed. (Hochmol. Verbind.) **10**B (1968) 2, S. 139–142.

Šareckij, A. M., Svetozarskij, S. V., Kotljar, I. B., Zil'berman, E. N.: Einfluß der Polymerisationsbedingungen auf die Wärmefestigkeit von Polyvinylchlorid. Plast. Massy, Moskva (Plast. Massen) (1968) 3, S. 6–8.

Breitenbach, J. W., Fučik, I.: Beschleunigtes Wachstum bei vernetzten glasartigen Polymeren. J. Polymer Sci., B: Polymer Letters **5** (1967) 11, S. 993–995.

Smirnova, O. V., Korovina, E. V., Kolesnikov, G. S., Mutagadžieva, Ju. A.: Synthese und Untersuchung von modifizierten Polycarbonaten (Epoxypolycarbonaten). Vysokomol. Soed. (Hochmol. Verbind.) **10**B (1968) 2, S. 84–87.

Boneckaja, A. K., Skuratov, S. M., Lukina, N. A., Strel'cova, A. A., Kuznecova, K. E., Lazareva, M. P.: Kinetik und Wärmetönung der Polymerisation von Capryllactam und Laurinlactam. Vysokomol. Soed. (Hochmol. Verbind.) **10**B (1968) 2, S. 75–78.

Doubravszky, S., Geleji, F.: Über Probleme der kationischen Polymerisation des Caprolactams. V. Die Rolle der N-Acryllactamgruppen bei der Polymerisation mit Caprolactam-hydrochlorid. Makromol. Chemie **113** (1968) S. 270–281.

Ivančev, S. S., Prisjažnjuk, A. I.: Biperoxyverbindungen mit Peroxidgruppen von unterschiedlicher thermischer Beständigkeit. Dokl. Akad. Nauk SSSR (Ber. Akad. Wiss. UdSSR) **179** (1968) 4, S. 858–861.

Egorov, N. M., Levina, A. A., Konoplev, B. A., Vasilenok, Ju. I.: Einfluß der Beimischungen im Äthylen auf die Synthese und Eigenschaften von Polyäthylen hoher Dichte. Plast. Massy, Moskva (Plast. Massen) (1968) 3, S. 3–6.

Manea, Gh., Weissbuch, C., Dimitriu, C.: Verwendung von Fettalkoholen bei der Emulsionspolymerisation von Vinylchlorid. Materiale plast., Bucureşti **5** (1968) 1, S. 19–20.

Komoto, H., Kobayashi, H.: Synthese von α,α'-Dibrommethylsulfid und einige Reaktionen. Makromol. Chemie **113** (1968) S. 104–110 (engl.).

Migunova, I. I., Ivanov, V. S.: Polymerisation von N-p-Tolylmaleinimid unter Einwirkung von ^{60}Co-γ-Strahlung. Vysokomol. Soed. (Hochmol. Verbind.) **10A** (1968) 3, S. 633–639.
13. Mitt. aus der Reihe: „Untersuchung auf dem Gebiet der strahlungsinduzierten Polymerisation".

Slonim, I. Ja., Urman, Ja. G.: Einfluß der Deformation der Monomerkristalle auf die Polymerisation von Trioxan in fester Phase. Vysokomol. Soed. (Hochmol. Verbind.) **10**B (1968) 2, S. 78–80.

Gol'štejn, S. B., Starrova, S. D., Medvedev, S. S.: Untersuchung der Beziehungen zwischen einigen Polymerisations- und Polykondensationsvorgängen anhand von Modellsystemen. Umsetzung von tert. Aminen mit Säureanhydriden. Vysokomol. Soed. (Hochmol. Verbind.) **10A** (1968) 3, S. 657–661.

Misra, G. S., Narain, H.: Durch $KMnO_4/H_2C_2O_4$-Redoxsystem ausgelöste Polymerisation von Acrylsäure in Wasser. Makromol. Chemie **113** (1968) S. 85–94 (engl.).

Sakurada, I., Ise, N., Tanaka, Y.: Durch Jod katalysierte ionische Polymerisation von α-Methylstyrol im elektrischen Feld. Polymer, London **8** (1967) 12, S. 625–631.

Zujkov, A. V., Solov'eva, T. S., Panic, R. N., Grickova, I. A., Medvedev, S. S.: Über die Abhängigkeit der Polymerisation von Styrol in Gegenwart eines Gemisches ionischer und nichtionischer Emulgatoren von der Voluminität ihrer Lösungen. Dokl. Akad. Nauk SSSR (Ber. Akad. Wiss. UdSSR) **179** (1968) 6, S. 1377–1380.

Iwakura, Y., Toda, F., Katsuki, H., Watanabe, H.: Polymerisationsreaktion des α-Methylstyroltetrameren mit Elektronenübertragung vom Carbanion zu Keton. J. Polymer Sci., B: Polymer Letters **5** (1967) 11, S. 1013 bis 1018.

Matsuda, T., Fujii, Sh.: Strahlungsinduzierte Polymerisation von 1,1,2-Trichlorbutadien. J. Polymer Sci., A–1: Polymer Chem. **5** (1967) 10, S. 2617–2627.

Kennedy, J. P., Canter, N. H.: Einfluß der Temperatur auf die Dieneinlagerung in Isobutylen/Dien-Copolymeren. J. Polymer Sci., A-1: Polymer Chem. **5** (1967) 10, S. 2712–2715.

Sonderfragen

Durch Forschung bei Clarkson definierte luftverunreinigende Polymerreaktionen. Chem. engng. News **46** (1968) 6. S. 21.

Taylor, E. L.: Neue Synthese von Celluloseverbindungen für Ionenaustauscher. Textile Res. J. **38** (1968) 1, S. 104–105.

II. Faserstoffe. Ausgangsstoffe usw.

Polypropylenfasern ersetzen sowohl Jute als auch andere Hartfasern. Hemijska Vlakna, Loznica/Jugoslaw. (Chem. Fasern) **7** (1967) 4, S. 31 bis 33.

Naturfaserstoffe

Pflanzliche Faserstoffe

Ramanathan, S., Rivlin, J., Stamm, O. A., Zollinger, H.: Die Bestimmung von Formaldehyd in Celluloseformalen und methylierten Celluloseformalen. Textile Res. J. **38** (1968) 1, S. 63–71.

Tierische Faserstoffe

Cook, J. R., Delmenico, J.: Messung des „Schmelzpunktes" von Wolle. J. Textile Inst. **59** (1968) 3, S. 157–160.

Swart, L. S., Joubert, F. J.: Die Fraktion der Proteine mit hohem Schwefelgehalt von oxydiertem Mohair. Textile Res. J. **38** (1968) 1, S. 36–44.

Coe, R.: Wolle: König von Westengland. Textile Month (1968) 2, S. 59.

Vines, W. J.: Unsere sich verändernde Welt der Textilien. Textile J. Australia **43** (1968) 2, S. 13–16, 69, 74, 76, 77, 81.

Chemiefaserstoffe

Cellulose und Zellstoff

Leffler, J.: Flocktrocknen von Sulfat- und Sulfitzellstoff bei der Fiskeby A.G. Svensk Papperstidn. **71** (1968) 5, S. 189–194.

Ant-Wuorinen, O., Visapää, A.: Titrationsuntersuchungen an Cellulose. Das Basenbindungsvermögen von Cellulose bei verschiedenen pH-Werten. Teil I. Paperi ja Puu, Helsinki (Papier u. Holz) **49** (1967) 12, S. 801–810.

Treiber, E.: Der Einfluß einiger Tauchparameter auf Filterwert und Teilchenzahl in der Viskose. Svensk Papperstidn. **71** (1968) 4, S. 99–106 (engl.).

Hartler, N., Libert, J., Teder, A.: Herstellung von Polysulfidkochlauge aus Schwefel und Weißlauge. Svensk Papperstidn. **71** (1968) 3, S. 65–70.

Folberth, D.: Konzentrierte Bisulfitkochlösungen, ein hochaktuelles Problem der Sulfitzellstofftechnologie in Rumänien. Celuloză şie Hîrtie, Bucureşti (Cellulose u. Papier) **17** (1968) 3, S. 106–110.

Služiteleva, V. N., Nepenin, Ju. N.: Chemische Veränderungen des Kocherstoffes und der Lauge während des Sulfataufschlusses von Laubholz. Bumaž. Prom. (Papier-Ind.) (1968) 3, S. 4–6.

Bartsch, D., Schmiedeknecht, H.: Der Einfluß der Zellstofftrocknung auf den Viskoseprozeß. Teil II: Untersuchungen zur Viskosierung. Faserforsch. u. Textiltechnik **19** (1968) 6, S. 272–275.

Bukvić, M.: Bleiche von Viskosesulfatzellstoff. Hemijska Vlakna, Loznica/Jugoslaw. (Chem. Fasern) **7** (1967) 4, S. 3–11.

Faserstoffrückgewinnung. Teil 3 bis 6. Svensk Papperstidn. **71** (1968) 2, S. 49–53; 4, S. 116–121; 5, S. 178–184; 6, S. 246–253.

Regeneratfaserstoffe

Annergren, G., Göransson, S.: Auswirkung von Zellstoff-Extraktstoffen im Viskoseprozeß. Svensk Papperstidn. **71** (1968) 5, S. 142–143 (engl.).

Assarsson, A., Jonsén, H., Samuelson, O.: Einfluß von Harz in Viskose auf die Verstopfung von Spinndüsen. Svensk Papperstidn. **71** (1968) 5, S. 137–141 (engl.).

Hedlund, I., Dunbrant, S. Wilson, K.: Der Einfluß von Zellstoffverunreinigungen auf Garnfestigkeit. Svensk Papperstidn. **71** (1968) 6, S. 241–245 (engl.).

Bufetčikova, O. Ja., Abramova, E. A.: Butyrylierung von Viskosefaserstoff unter Erhaltung der Faserstruktur. Ž. prikl. Chimii (Z. angew. Chemie) **41** (1968) 2, S. 351–357.

Synthetische Faserstoffe

Zwick, M. M.: Erspinnen von Faserstoffen aus Polymerlösungen unter Phasentrennung. I. Praktische Betrachtungen und experimentelle Untersuchung. J. appl. Polymer Sci./Appl. Polymer Symposia (1967) 6, S. 109–149.

Barnett, T. R.: Berechnung der Temperatur von Fäden beim Schmelzspinnen. J. appl. Polymer Sci./Appl. Polymer Symposia (1967) 6, S. 51–65.

Koch, P.-A.: Faserstoff-Tabellen: Polyamidfasern. Textilveredlung, Weinfelden/Schweiz **3** (1968) 4, S. 194–214.

Gloor, W. H.: Fadenbildung und Verstrecken von Polybisbenzimidazobenzophenanthrolin. J. appl. Polymer. Sci./Appl. Polymer Symposia (1967) 6, S. 151–163.

Zimmermann, J., Fleming, S. W.: Einige quantitative Gesichtspunkte zur Strahlerweiterung am Ausgang des Düsenkanals. J. appl. Polymer Sci./Appl. Polymer Symposia (1967) 6, S. 19–26.

Masłowski, E., Fiszer, L., Cypryk, J.: Über einige Propleme des Erspinnens von Polyvinylalkoholfasern aus plastifizierter Schmelze. Polimery, Warzawa **12** (1967) 12, S. 566–569.

Fäden aus Film – eine Übersicht über technische Einrichtungen. Textile Month (1968) 3, S. 82, 86, 89.

Japaner entwickelten Spaltfilmverfahren. Textile Month (1968) 3, S. 102, 104.

Ausgangsstoffe, Schaumstoffe, Kautschuk

Hendrix, H.: Kunststoffverstärkung mit Chemiefasern. Chemiefasern **18** (1968) 4, S. 272–277.

Priest, D. J.: Entwicklung der Orientierung beim Gießen von Cellulosefilmen. Holzforsch. **22** (1968) 1, S. 9–10 (engl.).

Haskell, V. C.: Kontrolle der Feuchtigkeitsempfindlichkeit von Cellulosefolie. Svensk Papperstidn. **71** (1968) 4, S. 107–115 (engl.).

Zieliński, W.: Einheimisches Polyamid 6 für technische Zwecke. Polimery, Warzawa **13** (1968) 1, S. 24–27.

Kostenko, Ju. N., Kuličuk, L. R., Kravčenko, E. S.: Thermostabilisierung von Kaprolon. Plast. Massy, Moskva (Plast. Massen) (1968) 3, S. 26.

Miltner, H. F.: Polypropylen. Materiale plast., Bucureşti **5** (1968) 1, S. 21–25.

III. Fäden-Herstellungstechnologien

Spinnerei. Zwirnerei

Bell, D. G.: Der Einfluß der Neuausstattung auf die Erzeugnis-Qualität. Textile Inst. Ind. **6** (1968) 4, S. 89–92.

Spinnereivorbereitung

Siegl, R.: Über Lebensfragen der Baumwolle. Textil-Praxis **23** (1968) 4, S. 221–224.

Simpson, J.: Beobachtungen zur Verbesserung des Kardierens von Baumwolle. Textile Res. J. **38** (1968) 1, S. 103–104.

Spinnerei

Catling, H.: Die Wirtschaftlichkeit des Elementenspinnens. Textile Month (1968) 1, S. 66–68.

Ein neuer, äußerst wirkungsvoller Luntenverdichter. Spinner, Weber, Textilveredlung **86** (1968) 4, S. 312–314.

Erzeugnisse der Spinnerei und Zwirnerei

Kammgarnspinnerei in Otley rekonstruiert. Textile Month (1968) 3, S. 64, 66.

Wegener, W., Peuker, H.: Vergleich Kontinentaler und Englischer Kammgarn-Spinnsysteme. Z. ges. Textilind. **70** (1968) 4, S. 218–227.

Leach, D. F.: Die Wirkung der Veränderlichkeit der Masse von Jutegarnen. J. Textile Inst. **59** (1968) 2, S. 78–88.

Kern/Mantel-Fäden

Leont'eva, I. S., Vinokur, M. L.: Prüfen von Kern/Mantel-Fäden mit elastischem Kernfaden. Tekstil. Prom., Moskva (Textil-Ind.) **28** (1968) 3, S. 72–73.

Rembecki, S.: Herstellung und Verarbeitung von Gummitex-Garn. Technik włókienn. (Textiltechn.) **17** (1968) 2, S. 47–51.

Texturfäden

Wray, G. R., Entwistle, J. H.: Eine Untersuchung des Luftdüsentexturierverfahrens. J. Textile Inst. **59** (1968) 3, S. 122–136.

Briedis, R. Ju.: Einfluß der Drehung auf die Qualität von Hochbauschfäden. Tekstil. Prom., Moskva (Textil-Ind.) **28** (1968) 3, S. 25–26.

Taubner, D.: Kontrollmöglichkeiten für technologische Parameter bei der Herstellung von Texturseiden nach dem Falschdrahtverfahren. Dt. Textiltechnik **18** (1968) 4, S. 230–232.

Fiori, L. A., Simpson, J., DeLuca, L. B.: Faserhäkchen – wie sie die Leistung der Garnherstellung beeinflussen. Textile World **118** (1968) 2, S. 58–62.

IV. Flächengebilde-Herstellungstechnologien

Bammer, G., Lechner, H.: Wirtschaftlicher Vergleich einer Webware mit einer Malimo-Nähwirkware. Melliand Textilber. **49** (1968) 5, S. 537–544.

Hinweise und Empfehlungen für die Verarbeitung von Geweben aus texturierten Garnen. Bekleid. u. Wäsche **20** (1968) 8, S. 527–530.

Hahnemann, H. W.: Kenngrößen zum Bewerten von Fenstervorhängen. VDI-Z. **110** (1968) 10, S. 384–386.

Materialvorbereitung

Wegener, W., Schubert, G.: Die Ermittlung der Druckverteilung in Garnkörpern. Teil 1. Textil-Praxis **23** (1968) 4, S. 226–230.

Fiedler, H.: Erfahrungen mit einer neuentwickelten Schlichtvorrichtung. Textil-Praxis **23** (1968) 4, S. 225–226.

Petrov, V. I., Lapsa, E. Ja.: Kettfadenzugkraftkontrollgerät für Schlichtmaschinen. Tekstil. Prom., Moskva (Textil-Ind.) **28** (1968) 3, S. 38–39.

Weberei

Emel'janov, A. I.: Maßnahmen zum Beseitigen der Fadenschräglage in Gurten. Tekstil. Prom., Moskva (Textil-Ind.) **28** (1968) 3, S. 41–42.

Weberei-Technologie

Spanischer Lanzenwebstuhl jetzt kompakter und schneller. Textile Month (1968) 3, S. 90, 93.

Mzyk, H., Tille, M.: Problematik und Lösungsvorschläge für Webverfahren mit Wellenfachbildung. Dt. Textiltechnik **18** (1968) 5, S. 281–287.

Erzeugnisse der Weberei

Ibrahim, S. M.: Funktion und Zusammenwirken der Stretch-Elemente in Geweben mit Spandexgarnen. Teil 1. Textil-Praxis **23** (1968) 4, S. 217 bis 221.

Mönnicke, L.: Einsatz texturierter Seiden in Oberbekleidungsgeweben. Dt. Textiltechnik **18** (1968) 5, S. 288–293.

Filatov, M. S., Šmeleva, L. S., Legkun, Ja. A., Pugačevskij, G. F., Semak, B. D.: Untersuchung einiger Eigenschaften von Geweben, die Acetylcellulosefaserstoffe enthalten. Izv. vyssich uč. Zav. Technol. tekstil. Prom. (Hochschulnachr. Technol. Textil-Ind.) (1967) 6, S. 23–27.

Steinau, P.: Entwicklungsstand bei Bändchengeweben. Verpackungs-Rdsch. **18** (1967) S. 374, 376, 378. Ref.: Kunststoffe **58** (1968) 3, S. 213.

Stoffe aus Texturseide erlangen guten Ruf. Japan Textile News (1968) 158, S. 69–71.

Wirkerei und Strickerei. Konfektionstechnik. Sonstige Technologien

Smith, D. C.: Ist die Kettenwirkerei für ein phänomenales Wachstum ausersehen? Hosiery Trade J. 75 (1968) 892, S. 67, 68, 71, 72. Textile Month (1968) 3, S. 106, 107, 109. Hosiery Times **41** (1968) 466, S. 34, 36, 37–39.

Šlosar, V., Strážnický, J.: Die Lage der Polyesterfasern in der Strickwarenindustrie und die Perspektiven der Weiterentwicklung. Inform. Přehled Vyzkumny Ust. Pletařsky, Brno (Inform.-Übers. Wirkerei-Inst.) (1967) 5/6, S. 59–83.

Rothbart, J.: Herstellung und Eigenschaften webwarenähnlicher Oberbekleidungsstoffe auf Raschelmaschinen. Melliand Textilver. **49** (1968) 5 S. 549–558.

Wirkerei- und Strickerei-Technologie

Hilsenrad, A.: Aktuelle Probleme der Verarbeitung synthetischer Garne im Kettenwirkereisektor. Ind. textilă, Bucureşti **19** (1968) 1, S. 17–19.

Erzeugnisse der Wirkerei und Strickerei

Pestle, R.: Maßbeständigkeit von glattgestrickten Stoffen. J. Textile Inst. **59** (1968) 2, S. 65–77.

Grebowski, J.: Ursachen der Streifigkeit bei Wirkwaren. Przegl. włókienn. (Textil-Rdsch.) **22** (1968) 2, S. 83–87.

Lück, W.: Verarbeitung von texturierter PA-Seide auf Flachkulierwirkmaschinen zu Obertrikotagen sowie deren Ausrüstung. Bekleid. u. Maschenware **7** (1968) 2, S. 54–58.

Konfektionstechnik

Jurga, J.: Methodik der mathematischen Bildung der Einlaufsnormen für die Produktionsänderungen in der Bekleidungsindustrie. Textil, Praha **23** (1968) 4, S. 134–137.

Textilverbundstoffe

Faserverbundstoffe. Vliesstoffe

Hearle, J. W. S., Sultan, M. A. I.: Eine Untersuchung von Nadelvliesstoffen. Teil III. Der Einfluß von Fasertyp und -dimension. J. Textile Inst. **59** (1968) 3, S. 137–147.

Fadenverbundstoffe

Shealy, O. L., Hentschel, R. A. A.: Eine neue Klasse von faserartigen Polyäthylen-Flächengebilden. Textile Res. J. **38** (1968) 1, S. 7–15.

V. Textilveredlung

Dobra, P.: Betrachtungen über das Veredeln von Geweben aus Leinen oder aus Mischungen mit Polyesterfasern. Ind. textilă, Bucureşti **19** (1968) 2, S. 104–108.

Leube, H.: Färben und Ausrüsten von Acetat und Triacetat und deren Mischungen mit Natur- und Synthesefasern. Z. ges. Textilind. **70** (1968) 4, S. 248–253.

Farbstoffe. Textilhilfsmittel

Loy, W.: Polymere zur Beschichtung textiler Substrate. Teil 1. Textil-Praxis **23** (1968) 4, S. 265–269.
Zollinger, H.: Die Konstitution der Reaktionsprodukte von Baumwolle mit Reaktivfarbstoffen und Textilchemikalien. Palette, Basel/Schweiz (1968) 28, S. 32–37. 1 Tab.

Bleicherei. Sonstige Vorbehandlungsarbeiten der Textilveredlung

Benišek, L.: Über Wollbleichverfahren. Tekstil. Prom., Moskva (Textil-Ind.) **28** (1968) 3, S. 59–61.
Raskina, I. Ch., Aljavdin, N. A., Sadov, F. I.: Mathematische Statistik beim Untersuchen des Bleichprozesses. Tekstil. Prom., Moskva (Tekxtil-Ind.) **28** (1968) 2, S. 44–47.
Olson, E. S.: PVA-Schlichteentfernung – wie man sie bewerkstelligt. Textile World **118** (1968) 2, S. 94–96.

Färberei

Weingarten, R.: Chemische und physikalisch-chemische Zusammenhänge bei der Anwendung der Remazol-Farbstoffe. Textilveredlung, Weinfelden/Schweiz **3** (1968) 4, S. 151–159.
Meckel, L.: Beitrag zur Kenntnis der Nachchromierungsfärbung. Textil-Praxis **23** (1968) 4, S. 257–261.
Häusermann, J.: Die Entwicklung von Indigosol-Färbungen auf Wolle. Melliand Textilber. **49** (1968) 5, S. 575–577.
Andreeva, M. V., Moryganov, P. V.: Ton-in-Ton-Färben von Polyester/Baumwoll-Mischgeweben. Tekstil. Prom., Moskva (Textil-Ind.) **28** (1968) 3, S. 62.
Siepmann, E.: Färben von anionisch modifizierten Polyesterfasern. Melliand Textilber. **49** (1968) 5, S. 577–581.
Graliński, M., Bujała, K., Golec, H.: Neues Sortiment von polnischen Farbstoffen zum Färben von Erzeugnissen aus Polyamidfaserstoffen. Technik włókienn. (Textiltechn.) **17** (1968) 2, S. 54–56.

Druckerei

Schiffer, G., Vossmerbäumer, R., Zöhren, J.: Der HT-Druckdämpfer im Kontinuebetrieb. Melliand Textilber. **49** (1968) 5, S. 581–585.
Topalov, K., Cvetenska, I.: Schablonengewebe für den Siebdruck. Tekstil. Prom., Sofija (Textil-Ind.) **17** (1968) 1, S. 9–14.
Spilevskij, V. A.: Herstellen von Filmdruckschablonen mit einem Schutzüberzug aus Perchlorvinyl. Tekstil. Prom., Moskva (Textil-Ind.) **28** (1968) 3, S. 69–71.

Ausrüstung. Trocknung

Burlington erprobt Scotts Copolymerisationsverfahren. Chem. engng. News **46** (1968) 13, S. 15.
Rouette, H. K.: Weitere Versuche mit dem Ester-Verfahren zum Filzfreiausrüsten von Wolle. Textil-Praxis **23** (1968) 4, S. 254–256.
Brzeziński, J.: Einige neue Möglichkeiten für eine Knitterarmausrüstung von Viskosefasergeweben. Technik włókienn. (Textiltechn.) **17** (1968) 3, S. 77–82.
Mesjačenko, V. T.: Über die Eigenschaften von Baumwollgeweben mit wash-and-wear-Appretur. Tekstil. Prom., Moskva (Textil-Ind.) **28** (1968) 3, S. 64–65.

Wäscherei. Chemisches Reinigung

Kallies, J.: Entwicklungsgeschichte der Wäschereinigung. I. Textilreinigung **15** (1968) 5, S. 136–140.
Meckel, L., Milster, H.: Einfluß der Wasch- und Chemischreinigungsbehandlung auf verschiedenartige Webdecken. Wäschereitechn. u. -chemie **21** (1968) 4, S. 149–155.
Benisek, L.: Filz- und schrumpffeste Ausrüstung der Wolle mit Hilfe der natürlichen und synthetischen Polymere. Textil, Praha **23** (1968) 4, S. 143–145.
Gavrila, D.: Modernisierung der Finishdekatureinrichtungen zwecks Anwendung der neuen Appreturverfahren für 100% Wollgewebe bei Gegenwart reduzierter chemischer Stoffe. Ind. textilă, București **19** (1968) 3, S. 172.

VI. Werkstoffprüfung, Meß- und Prüftechnik. Standardisierung

Rösch, M., Langmann, W.: Versuche zur Normung von Prüfmethoden für Textilhilfsmittel. Melliand Textilber. **49** (1968) 4, S. 450–456.
Lünenschloß, J., Busch, F.: Die Prüfung des statistischen und dynamischen Festigkeits-Dehnungs- sowie des Längen-Temperaturverhaltens von verschiedenen Elastomer- und Gummifäden bei thermischer bzw. hydrothermischer Einwirkung (Schluß). Textil-Praxis **23** (1968) 4, S. 209–214.

Eigenschaften und Fehler der Textilmaterialien u. a.

Reichherzer, R.: Zum Problem der Erhöhung des Brandwiderstandes der Kunststoffe. Kunststoff-Rdsch. **15** (1968) 4, S. 157–162.
Prakash, J., Oka, P. G., Iyengar, R. L. N.: Untersuchungen über den Glanz von Textilien. Teil III. Beitrag der Strukturelemente zum Glanz von Baumwollfasern. Textile Rex. J. **38** (1968) 1, S. 52–62.
Duncker, B., Nordman, L.: Die mechanischen Eigenschaften der einzelnen Fasern. Svensk Papperstidn. **71** (1968) 5, S. 165–176.
Qualitätsprüfungen an Baumwollfäden spanischer Produktion. Invest. Inform. textil, Barcelona **10** (1967) 4, S. 455–466.
Heikens, D., Meijers, A., von Reth, P. H.: Unterschied in den mechanischen Eigenschaften von mit verschiedenen Diaminen erhaltenen Faserstoffen aus linearen Polyesterurethanen. Polymer, London **9** (1968) 1, S. 15–18.
Vollrath, L.: Zum Naß-Knittererholungsvermögen von textilen Flächengebilden. V. Knittererholungsprüfung von Gewirken. Faserforsch. u. Textiltechnik **19** (1968) 6, S. 276–278.
Zawadski, J., Nowak, M.: Kriechen von Polystyrol und Polyamid unter Einwirkung von konstanten oder Wechselspannungen. Polimery, Warszawa **12** (1967) 12, S. 562–565.
Garcia-Dominguez, J. J.: Löslichkeit von Wolle und Identifizierung der erhaltenen Fraktionen. II. Teil. Invest. Inform. textil, Barcelona **10** (1967) 4, S. 447–454.
Gupta, K., Patnaik, B. K., Chipalkatti, V. B.: Abtrennung der Farbstoffe von kanariengelbfarbiger Wolle. Textile Res. J. **38** (1968) 1, S. 107–108.
Ramer, E. M., Richards, H. R.: Korrelation des elektrischen Widerstandes von Geweben und ihrer Fähigkeit zur Entwicklung und zum Festhalten elektrischer Ladungen. Textile Res. J. **38** (1968) 1, S. 28–35.
Knapton, J. J. F.: Verarbeitungsverhalten von Wollgarnen bei der Herstellung von Maschenware: Einflüsse der Garn/Metall-Reibung, der Maschenlänge und des Deckvermögens auf das Verarbeitungsverhalten. Textile Res. J. **38** (1968) 1, S. 23–28.
Miller, B.: Thermoanalytische Untersuchung der Dauerfaltenhärtung von Cellulose. Teil I. Das thermische Verhalten von Trimethylolmelamin/Kohlenwasserstoff-Mischungen. Textile Res. J. **38** (1968) 1, S. 1–6.
Winkler, F., Bauer, A.: Dynamische Zugprüfung von Fäden. X. Kritische Betrachtungen zum Begriff Sekantenmodul. Faserforsch. u. Textiltechnik **19** (1968) 6, S. 278–284.

Meß- und Prüftechnik

Greuel, M., Hadwich, F., Henning, H.-J.: Streuungen bei Kernbohrproben aus gewaschener Wolle. Textil-Praxis **23** (1968) 4, S. 250–254.
Možin, V. N.: Prüfvorrichtzng für die Bestimmung der Schwingungsfestigkeit von starren Plasten. Zavodsk. Labor., Moskva (Betriebslabor) **34** (1968) 2, S. 237–239.
Oldenroth, O.: Beitrag über Vergrauungsursachen von Synthesefasern bzw. Baumwolle. Chemiefasern **18** (1968) 4, S. 286–289.
Franck, A., Wünscher, K.: Laboratoriumstechnik. II. Elektrochemie, Spektralapparate, Mikroskope, Zentrifugen, Molgewichtsbestimmung, Thermische Analyse, Waagen, Mikro-, Elementar-, Gasanalyse, Allgemeine Laboreinrichtung. Chem. Ztg./Chem. Apparatur **92** (1968) 5, S. 209–246.
Piggott, M. R.: Ein Dreipunkt-Biegeprüfer für starke Fasern. J. sci. Instruments (J. Phys. E.) **1** (1968) 4, S. 444–446.
Angarov, E. I., Aubinder, S. U., Ural'skaja, S. L.: Photographieren sich schnell bewegender Fasern. Tekstil. Prom., Moskva (Textil-Ind.) **28** (1968) 3, S. 29–31.
Oxé, J.: Versuche zur automatischen Schaumbestimmung. Melliand Textilber. **49** (1968) 5, S. 586–592.
Götze, W., Winkler, F.: Die spezifische Wärme von Faserstoffen und daraus abgeleitete Kenngrößen. Dt. Textiltechnik **18** (1968) 5, S. 297–303.
Hertig, J.: Prüfung der Stickoxidechtheit – Erfahrungen und Vorschläge. Textilveredlung, Weinfelden/Schweiz **3** (1968) 4, S. 180–190.
Satlow, G.: Über einige Kurzzeitprüfverfahren zur Nachahmung der Gebrauchsbeanspruchung von Teppichen. Dt. Textiltechnik **18** (1968) 5, S. 311–317.
Miechelbeck, H., Hack, A. G., Sentler, Chr.: Die Erprobung einer neuen Methode zur Cysteinbestimmung in Wollhydrolysaten. Z. ges. Textilind. **70** (1968) 4. S. 242–248.
Drehungsprüfung von Garnen und Zwirnen. Spinner, Weber, Textilveredlung **86** (1968) 4, S. 307–309.
Niemeyer, D.: Zur Eignung unterschiedlicher Probenformen für die Zugprüfung von Fördergurten mit Polyester/Polyamid-Einlagen. Kautschuk, Gummi, Kunststoffe **21** (1968) 2, S. 51–58.
Barella, A., Sust, A., Vilarnau, J., Torn, J.: Beitrag zum Bündelzugversuch an Baumwollfäden. Ein neues Verfahren zur Beurteilung der Variationskoeffizienten. Invest. Inform. textil, Barcelona **10** (1967) 4, S. 417–445.
Hadwich, F.: Testschwankungsgrenze bei der Bestimmung des Pressley-Wertes für den einzelnen Ballen und den Lieferungsdurchschnitt im Hinblick auf den Zeit- und Kostenaufwand der Messungen. Melliand Textilber. **49** (1968) 5, S. 503–507.

Standardisierung. Terminologie

Wasser in rohem Tallöl. SCAN-T7:67. Paperi ja Puu, Helsinki (Papier u. Holz) **49** (1967) 12, S. 811–812 (engl.); S. 813–814 (finn.); S. 815–816 (schwed.).
Bárta, R.: Internationale Richtlinien für thermodynamische Analyse. Chem. Listy, Praha (Chem. Bl.) **62** (1968) 4, S. 454–455.

VII. Betriebstechnik. Ökonomie. Tagungsberichte u. dgl., Sonderfragen

Betriebstechnik

Bukvić, M.: Information über den Aufbau der Holzzellstoff-Fabrik in Loznica. Hemijska Vlákna, Loznica/Jugoslaw. (Chem. Fasern) **7** (1967) 4, S. 30.
Ibielski, D.: Kooperation im Vertrieb. Rationalisierung, München **19** (1968) 4, S. 80, 89–91.
Reichert, W.: Führung und Organisation in der Wirtschaft. Eine Literaturübersicht. Wirtschaft, Ausg. A **23** (1968) 20, S. 13–15.
Ritter, E. H.: Ein Modell zur Betriebssicherheit. Ind. Organis., Zürich **37** (1968) 4, S. 249–252.
Le Lec, P.: Die Kompressibilität der Filterkuchen und ihr Einfluß. Chem. Technik **20** (1968) 5, S. 264–272.
Rosenkranz, G.: Rationalisierung durch Beleuchtungs-Suboptimierung. Arbeit u. Arbeitsrecht **23** (1968) 9, S. 211–214.
Thamm, J.: Gedanken zur Analyse von Leitungsprozessen. Wirtschaft, Ausg. A **23** (1968) 20, S. 11.
Brakelmann, E.: Marketing – gestern, heute, morgen. Rationalisierung, München **19** (1968) 4, S. 75–76.
Grosberg, P., Molgaard, J.: Der Trockenverschleiß von Stahl im Verhältnis zum Spinnläuferverschleiß. J. Textile Inst. **59** (1968) 2, S. 89–102.

Ökonomie

Ostfeld, M.: Wirtschaftlichkeitsbetrachtungen bei der Auswahl moderner Vorrichtungen für die Baumwollspinnerei. Spinner, Weber, Textilveredlung **86** (1968) 4, S. 309–312.
Doughty, J. C.: Die Kunst der Mode. Vorhersage von Farben. Textile Inst. Ind. **6** (1968) 4, S. 97–100.
Legat, G. R.: Leitung zum Zwecke des Gewinns: Marktpflege. Textile Inst. Ind. **6** (1968) 4, S. 93–96.
Japanische Faserhersteller fördern Polyester. Chem. engng. News **46** (1968) 12, S. 25–31.

Sonderfragen

Sheldon, R. C., Roach, R. A., Backer, S.: Aufbau eines auf Prozeßcomputer beruhenden Informations/Wiederauffindungs-Systems für die Textilindustrie. Textile Res. J. **38** (1968) 1, S. 81–100.

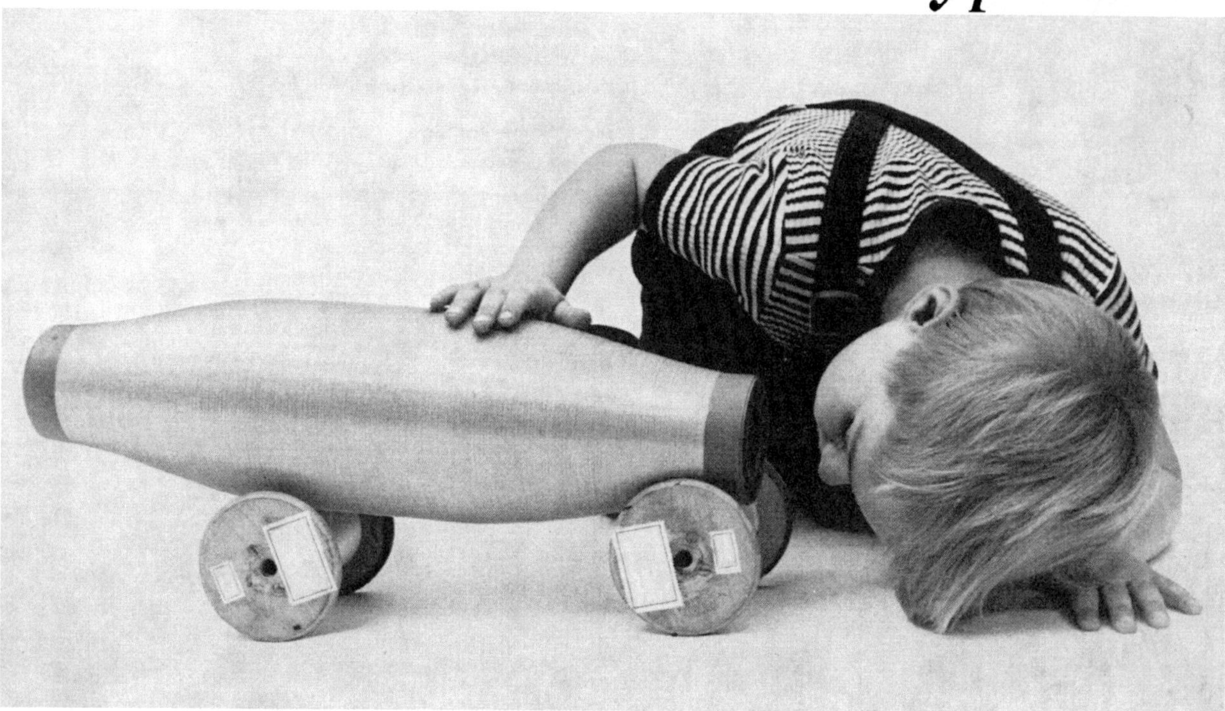